文通斑马
· BOOKS LIFE ·

突　破　成　长　的　边　界

〔日〕大岛信赖 著

凌文桦 译

"あえて鈍感"になって人生
をラクにする方法

不在乎的
勇气

スルースキル

中国水利水电出版社

www.waterpub.com.cn

·北京·

内 容 提 要

在乎他人的看法，是因为期待被认可、被赞同、被喜爱，但这样容易受伤，"他人意见其实没你想的那么重要"。大岛信赖从现实生活的实际问题出发，给出了你64个现身钝感练习，帮助你摆脱忧郁、焦虑、郁郁不乐，找到内心安定的自己。

北京市版权局著作权合同登记号：01-2021-3676

图书在版编目（ＣＩＰ）数据

不在乎的勇气 / （日）大岛信赖著 ；凌文桦译. --
北京 ：中国水利水电出版社，2021.8
ISBN 978-7-5170-9810-2

Ⅰ. ①不… Ⅱ. ①大… ②凌… Ⅲ. ①心理学—通俗
读物 Ⅳ. ①B84-49

中国版本图书馆CIP数据核字(2021)第151873号

THROUGH SKILL "AETE DONKAN" NINATTE JINSEIWO RAKU NI SURU HOUHOU
By Nobuyori Ohshima, 2018 © Nobuyori Ohshima, 2018
Simplified Chinese translation copyright © 2021 by Beijing Land of Wisdom Books Co.,Ltd.
All rights reserved.
The simplified Chinese translation is published by arrangement with WANI BOOKS CO., LTD.
through Rightol Media in Chengdu.
本书中文简体版权经由锐拓传媒取得（copyright@rightol.com）

书　　　名	**不在乎的勇气** BU ZAIHU DE YONGQI	
作　　　者	〔日〕大岛信赖 著 凌文桦 译	
出 版 发 行	中国水利水电出版社 （北京市海淀区玉渊潭南路1号D座 100038） 网址：www.waterpub.com.cn E-mail：sales@waterpub.com.cn 电话：（010）68367658（营销中心）	
经　　　售	北京科水图书销售中心（零售） 电话：（010）88383994、63202643、68545874 全国各地新华书店和相关出版物销售网点	
排　　　版	北京水利万物传媒有限公司	
印　　　刷	天津旭非印刷有限公司	
规　　　格	130mm×185mm　32开本　6.75印张　160千字	
版　　　次	2021年8月第1版　2021年8月第1次印刷	
定　　　价	49.80元	

　　每当我看到那些可以随心所欲做自己想做之事的人时，总是会不由得心生羡慕。

　　我也非常想能够像他们一样敢想敢做，于是特地对他们进行了观察与研究，结果发现了一些很有趣的事。

　　我惊讶地发现，他们竟然全然不在乎别人的批评！有时，当我觉得别人的批评有些过火而为其感到担忧时，他们却仿佛完全没有听到一样，脸上丝毫看不出一点儿在意的样子。

　　因此，我得出的结论是，他们之所以能够过得如此自由随心，是因为别人的批评对他们来说如同耳旁风一般听过就忘，根本不放在心上。

这样的人选择只听对自己有益的建议，然后让自己不断地得以提升；至于旁人的批评，他们根本不加理会，因此变得愈加自由，敢想敢做。

有趣的是，人之所以会对他人的评判如此在意，是因为想要避免被别人批评，但结果往往适得其反，越在意，批评反而会变得越严厉。

于是，我心里不由得产生了一些恶意念头，那些人虽然能够无视别人的批评，但是如果他们不从别人的批评中学习的话，那么批评不是会变得越来越厉害了吗？然而，实际上却出现了这样有趣的现象：他们不再被别人批评了。因此，看着那些能够无视批评的人，看着他们一边无视批判，一边按照自己的道路前进，渐渐地被周围人所认同，得到了大家的尊重，我不由得在心底暗自叹服。

此外，能够无视的人不仅根本不在意他人的批判，也不会被周围人的感情所左右。

他们到底是没有注意到呢，还是故意选择无视呢？这个姑且不论，当我意识到这一切时不由得暗想，能够如此自然地忽视别人的感情，实在是太让人羡慕了。

即使周围有正在发火的人，有正在为难的人，有陷入不安的人，他们都无视了，也正因此，他们才能够泰然自若地继续做自己想做的事。

进而，围绕在那些自由快乐地生活着的能够无视的人周围的人们，也被他们吸引着从不安、愤怒以及困境中解脱了出来。

以前，我是这样想的：能够帮助围于困境中之人的人才会得到大家的尊重。但实际上根本不是那么回事，往往是自己在不知不觉中被扯了后腿，陷入了进退两难的困境中。

而能够无视的人因为完全没有注意到处于困境中的人，而让那些被无视的人一开始也会觉得很费解，但渐渐地，他们也会受到好的影响，最终走出困境，开始尊重那些无视过自己的人。并且，每当看到这些人时，我就会想到，如果我也能像他们一样学会无视的话，我的人生也能变得更加轻松快乐。

再之，从正面意义上讲，会无视的人都是比较钝感的。因此，能够无视那些自己做不做都无妨的事，也就不会无谓地浪费时间。而且他们完全没有流露出有意识地无视的样子，只不过是自然而然而已。

我这个人对很多事情都表现得过分敏感，稍微有点儿事就会放在心上，以至于我对太多的事都比较在意，经常会有这样的事情发生，比如工作毫无进展，或者根本没有机会去做自己喜欢的事等。

如果能够像可以无视的人那样钝感的话，因为目光只专注于自己想做的事，便可以非常有效地完成工作，结果连那些被自己无视的不愉快的事也在不知不觉中被解决了。当我留意观察那些能够无视的人时，真的觉得既羡慕又有趣。

在过去的人生中，我到底造成了多少损失啊？！对于这样过于敏感的自己，我耿耿于怀。我一直在想，如果我能像那些人一样，变得钝感一些该有多好啊。虽然我付出了很多努力，就是为了让自己变得钝感一些，但仍未达成目标并抱憾至今。

　　幸运的是，通过担任心理咨询师的工作，在我和众多过于敏感的朋友们相遇的过程中，我逐渐明白了一件事："啊！也许所谓的无视就是这样的啊！"并且，当那些前来咨询的过于敏感的朋友们在不知不觉中变得钝感，开始能够无视时，他们会无限欣喜地说："啊！我终于过上了和过去完全不同的美好人生！"

　　于是，同样变得钝感的我也首次感受到了迄今为止从未体验过的那种不可思议的感觉："啊！原来人生可以如此轻松地度过啊！"

　　当然，我在本书介绍"怎么才能做到无视"的同时，也讲述了逐渐变得钝感，享受美好人生的方法。

第一章 为何受伤的总是你

第二章 练习钝感力

第五章

现在这样就很好

Part 01

✦

第一章

●

‿

为何受伤的总是你

　　明明大家都是平等关系，自己却总是做出低人一等的姿态，考虑对方的感受，凡事都优先考虑对方。并形成了一种习惯，甚至连自己都想"我要是能不那样就好了"，却偏偏没办法让自己停止。

专挑关键时刻
前来打扰的人们

●
◡

有时，恰逢休息日，正打算收拾屋子的时候，会收到同事发来的短信。打开一看，内容是"收到了客户……的投诉"，心情顿时一落千丈："为什么偏偏要在这个时候给我发这样的信息呢？"

好不容易有时间打扫房间，然后，为了更好地工作想学习提升一下时，却被同事的短信这么一打扰，想要干的事一件都干不成了。

考虑再三，反正是休息日，没有必要理会这种短信，还是决定打扫房间。但是脑海中却不断地涌现出这样的念头："为什么那家伙给我发这样的信息呢，他是在耍我吗？还是准备用客户来坑我一把呢？"

不知不觉，打扫房间的手停了下来，单是思考这些问题就已经相当耗费时间了，等到自己回过神儿来，已经是傍晚了，我不禁为此十分沮丧："我这一天什么都没干成呀！"

/ 无法开始新的工作 /

在公司也是，有时候正想着"好了，开始好好干活儿吧"，可偏偏就在这种干劲十足的时候，突然瞥到同事那张阴沉着的脸。这时不免开始惴惴不安，暗自忖度，我好不容易想要认真工作，同事的这副表情是对我有什么不满吗？他是不是觉得我有些自作主张了？他会不会在想："他什么都不和我说就自行开展工作，觉得这样很有意思吗？"我不由陷入了各种推测中，不安的同时还引发了对同事的愤怒与不满，就这样被内心充斥着的各种情绪支配着，最后自己一点儿干劲都没有了。

因为太过于关注心情不好的同事，无法全身心地投入工作，实在忍不住了问对方："你怎么了呀？"结果对方没好气地回了一句："没什么。"

我接着又问："你有什么事尽管跟我说吧。"对方便开启了吐槽模式："你还好意思问我，你连个招呼都不打就一个劲儿地埋头苦干，搞得我不干活似的。"我心里一边想着"呜哇，太麻烦了"，一边自我反省："我做了坏事啊。"于是向对方解释："那么，你能帮我一起做这个工作吗？"结果对方又说："什么事儿嘛，怎么感觉你要榨取我的时间呢，实在太令人恼火了！"真是让人瞠目结舌，不知道该说什么好。

这实在是件非常有趣的事，凡是在想要开始做点儿什么新的工作，或者想要收拾房间等积极地做事时，必定会有搅扰，最终什么也做不成。

在关键时刻，总会有人弄出点儿什么问题来，导致我想要做点儿事情的心情彻底被毁坏……办公桌总是没有整理的状态，房间里也是脏乱不堪，想要做的事情永远也完不成。虽然这简直就像一个永远不能摆脱的恶梦一般，总是会适时地发生什么，但是我也在反思，这或许只是我在给自己找借口吧？

明明本来就不怪任何人，是自己该做的事没有做，把它束之高阁，却把这些都怪罪到别人身上，我想，也许这只不过是自己没有认真对待这些事的借口罢了。

因此，我决定停止把责任推给别人，下定决心告诉自己"要做自己想做的事"，然而虽然想朝着这个方向努力，但是还是觉得肯定会"有人来捣乱"，并不断地告诉自己"你干不成这件事的"，结果就没有尽头地持续着做不成想做的事的状态。

/ 内心的噩梦不断扩散 /

这种现象实在是非常耐人寻味。心里总想着"一定会有人来打扰我想做的事"的这种人，有这样一种特征，别人不经意的一言一行都可能导致他心中的恶梦不断扩散。

如果换作别人的话，一定会不经意地说一句"哦——是嘛"，然后就无视了，但是不能无视的人却会一个接一个地冒出各种不好的想象，"也许那个人会有这样的恶意""也许他对我抱有那样的坏印象"等等，任何小事都无法忽视，为对方的言行所左右着。如果一边做着这样的噩梦一边关注着对方的话，就会诱导对方朝着噩梦的方向发展行动。因此就会发生这样的事：噩梦一个接一个地变成了现实。于是，由此就产生了想做点儿什么的时候一定会被打扰这一理论。

如果从对方不经意的言行中产生了"他是不是要来打扰我啊？""他是不是故意在找我的麻烦啊？"等等诸如此类的胡思乱想时，应该立刻这样告诫自己："啊！如果考虑对方心情的话，就会制造出噩梦来！"当意识到这一点，自己就能够从噩梦中走出来了。

并且，变得"能够像其他人一样可以忽视别人的言语行动"的话，你会不可思议地发现"不会有人再来干扰自己做想做的事了"。

谦虚有时未必
就是美德

●
⌣

　　一旦总是想象他人的心情进而制造出噩梦之后，就会产生"每个人都是只为自己考虑的""他是个随意践踏他人感情的坏人"等等这样的感觉，就会觉得周围的人个个都是"我行我素自私自利的变态者"。

　　不过，既然生活在噩梦的世界里，遇到变态者也许就不是什么稀罕事了吧……

/　优先考虑他人的原因　/

　　一旦生活在充斥着各种变态者的丑陋世界里，就会努力想着"我不要变成那样丑陋的变态者"。

于是，为了不变成变态者，就会一直告诫自己"必须要表现得很谦虚谨慎"。

因为身处在都是以自我为中心的变态者世界里，才会想着"我要漂亮体面地活着"，然后就会开始思考"什么才是漂亮体面的活法呢"，于是想到了与变态者们形成鲜明对比的另一面，"肯定是谦虚吧"。

然后，开始时刻留意着，"不可以说别人的坏话""不要总说自己的事情""不可以把责任推给别人""要马上谦虚地认错道歉"等等。为了能够谦虚体面地活着而凡事都优先考虑别人。最终渐渐地变得即使被别人伤害了也选择忍让。

/ 谦虚之后便是噩梦的开始 /

但是，越是想象对方的心情，噩梦就会扩散得越来越大，并且会出现噩梦中的事变成了现实这一不可思议的现象。

越是不安地想着"虽然自己不说别人坏话，但却被人在背后说坏话"，越会让这种想法变成现实。

"明明自己都不主动谈论自己的事还要被人东问西问，擅自编造出各种闲话来"，只要一想到邻居或者同事们的这种心情，那些事就变成了事实，这就是这种噩梦的特征。自己愈是努力漂亮体面地生活着，噩梦中的那些变态者就愈发挥其丑陋的本质，引导着它们对自己做出更加丑陋不堪的事来。

越是表现得谦虚谨慎，变态者就会对自己施加更多令人反感的事。谦虚的我一边忍耐着接受了这种处境，一边又懊恼地想着"我为什么必须要这样做呢"。

然而，我越是表现得这样谦虚忍让，周围的人越是会做出伤害我的事来。

因为我越来越留意对方的一举一动，怎么也不能无视这一切，不停地惴惴不安地不断反思着："是不是我做了什么不好的事，才被别人这样说的？"

虽然我不停地想着"我表现得如此谦卑有礼，应该没有做对对方不好的事"，但是噩梦中的变态者们仍然在不停地责备我、攻击我，因此我不禁对这一切耿耿于怀，"我都这么谦卑地忍耐着了，为什么还会这样呢？"

于是，我不断地探查对方的意图，导致自己心中的噩梦扩散得越来越厉害，那些想要攻陷我的变态者也不断地伤害着我。

/ 他人的言行未必有深意 /

之所以表现得谦逊有礼，是因为被"不想变得像那些变态者一样丑陋"这一心理支配着的结果。

但是，明明表现得非常谦虚，变态者还是持续地对我做一些令人不愉快的事让我吃亏，并且用不友好的言语和行动来攻击我。结果就陷入了这样的恶性循环之中，只要一想到那些变态者们的心情，就导致噩梦更多地变成了现实。

但这一切都是因为，越是为了能够漂亮体面地活着而变得愈加谦虚，就会更努力地去推量周围人的心情，结果导致噩梦不断扩大，最终变成了现实。

此时，如果能够试着扔掉谦虚，不考虑别人的感受，旁若无人地做自己的事的话，你就能从噩梦中醒来。此时你会意外地发现："咦？我原以为有很多变态者呢，原来根本就不存在啊"。

此时，你就会发觉："原来大家都和自己一样啊。"你就会明白，原来别人的行动里并没有什么深刻的含义。进而，当你能够无视他人的言语和行动后，你会惊奇地发现"咦！原来放弃谦虚，从别人那里受到的伤害都变少啦"。

人类只要稍微关注一下对方的言行并考虑对方感受

的话，就会从中制造出一个丑陋的噩梦世界。

因为一直关注着那个丑陋的噩梦世界，所以一直想着"我必须要表现得很谦虚"，当真的开始举止谦虚时，噩梦就变成了现实。

因为就是有这样一个规律，越是考虑对方的感受，噩梦的世界就越是会在自己心中扩大。

并且由于越是变得谦虚就会愈加考虑对方的感受，所以噩梦就逐渐地扩大。并且噩梦中的变态者越是旁若无人地横行，自己就会想"我不要活成它们那个样子"，于是就愈加努力地变得谦虚，结果就陷入了无休止的恶性循环中。

于是，越是想表现出自己是个谦虚的人，就会愈加受到变态者的伤害，令人不愉快的事也会越来越多，结果只有自己吃了大亏，周而复始，最后生活在噩梦的世界中无法自拔。

"谨慎之人"的构造

我们常常会有这样的疑问："他们为什么不拜托别人做令人讨厌的事，却能若无其事地把那些事扔给我呢？"

有时候，我们还会一边气愤地想着"只有我被轻视了""他们把我当傻瓜了"等等，一边疑惑地想："为什么受伤的总是我？"此时，我们只要一边想着"别人和我到底有什么不同"，一边观察着别人应对方式，就会发现"啊！原来他们不像我那样小心谨慎"。

/ 因为不想被旁人厌恶 /

我有这么一个习惯，就算跟一个人的关系很好，也没办法让自己停止小心谨慎。

明明大家都是平等关系，自己却总是做出低人一等的姿态考虑对方的感受，凡事都优先考虑对方，并形成了一种习惯，甚至连自己都想"我要是能不那样做就好了"，却偏偏没办法让自己停止。

在思考这到底是什么原因的时候，脑海中一闪而过的理由是，因为不想被别人讨厌，所以才不能停止。因为对自己没有自信，所以我在心中会这样想："如果让别人知道了我本来的样子，就不会再有人理我了。"一直认为如果停止小心谨慎，表现出自己本来面目的话，一定会被别人讨厌的。

的确如此，我既不是头脑聪明的人，运动方面也不是特别出众，甚至连说话也不是那么有趣，所以"如果不表现得谨慎一点儿的话，对方肯定会当我是傻瓜，然后抛弃我的"。也许正因如此，我才没办法不让自己表现得谨慎小心。

但是，如果表现得小心谨慎的话，对方则会在不知不觉中变身为变态者，开始若无其事地对我说些让我受伤的话，让我做一些别人都不愿做的令人讨厌的事情。

因为我总是小心谨慎，所以无法忽视发生的一切，常常一边烦恼于"为什么总是对我说一些难听的话，做一些让我难受的事"，一边又很讨厌这样的自己："明明都是些微不足道的事，我怎么就不能忽视呢？"

/ 无法想象自己堂堂正正的样子 /

试着这样想象一下，我之所以认为"自己对自己没有自信"，是因为对自己在人际交往中过于小心谨慎，结果把对方变成了变态者，并对我做出了过分的事而不能无视。

　　既然如此，放弃小心翼翼不就好了吗？无论是谁都会这么想吧！但是，"因为害怕而不能停止小心翼翼"的感觉就像站在游泳池的跳台上因害怕而不敢跳进水里一样。我根本没有办法想象自己停止小心翼翼后堂堂正正的样子。

　　就连自己都觉得"哎呀？那样子太奇怪了"。但是，渐渐地，你就会明白，都是因为自己过于小心翼翼，才会让对方觉得"你就是比我低一等"，然后变身为变态者对自己做出了很多过分的事。

　　其实，最可怕的还是因我的小心翼翼而变身的变态者所发出的言论。因为不能忽视他们的发言，所以脑海中一直重复着"我受伤害了"这句话，从而导致自己逐渐失去了自信。

　　而且，自己一直在反复地思考着，如何向那些变身为变态者后对自己说了过分的话，并让自己做一些不喜欢的事的人复仇，自己也想找到拒绝他们的办法，从而不断地重复着"浪费时间"这一过程。

明明知道这一切的前因后果，但就是不能停止继续表现得小心翼翼。认真考虑这一过程的话，就会注意到，原因也许是一直暗示自己"我身处噩梦之中，其他人都是变态者"的想法。

此时不妨试着自问自答一番，我是不是一直在这样想呢？除了自己以外，其他人都是变态者，总是在说着一些伤害我的话，让我做一些我不喜欢的事？一旦你发现果真如此，自己真的是在这么想着的，便会很受打击。

明明是因为自己过于小心翼翼，才导致对方变身为变态者对自己说了一些过分的话，让自己做一些不愿意做的事，却在和对方发生接触之前就在内心深处这么想着，"对方和自己不一样，不是人而是变态者"。因此，从一开始就没有和对方构建起平等关系。

"哎? 原来都是因为我认为除自己之外的人都是变态者, 才让自己陷入噩梦之中的啊! "只要这么一想, 也就松了一口气, 安心了许多。

自己试着整理一下这个过程吧, 因为害怕睁着眼睛就开始做噩梦, 害怕大家都是变态者, 必须要小心谨慎, 在整理的过程中会不可思议地想到, "也许可以停止小心翼翼"。

/ 意识到自己正生活在噩梦之中 /

因为一直认为"别人都是要伤害自己的恐怖生物", 或者"他们虽然看上去挺和善的, 但都是要背叛自己的坏家伙", 所以总是提醒自己, "为了不遭遇这样的事, 一定要时刻小心翼翼, 必须和别人保持距离"。

同时，明明知道"只要我小心翼翼，对方就会变成变态者"，却还不能停止小心翼翼的状态，其主要原因还是因身处噩梦之中。

因此，当我注意到"我被伤害了""别人强迫我做我不喜欢做的事"等，都只不过是我的噩梦而已，我就知道"我没必要小心翼翼"，我可以和别人平等地进行对话了。

如果是以前的自己，这是无法想象的事，但现在不管对方是"社长"还是"教授"，我都能若无其事地与之进行对话了，这都是我从噩梦之中醒过来了的缘故。试着从噩梦中醒来，就能明白"原来大家不过都是我一样的人而已"，于是我可以像大家一样说话了，大家也不再像以前那样对我说一些令人不快的话了，也不会再让我做一些我不喜欢的事了。

不过在那个时候，还是多少受了点儿打击的，"原来我以前真的是生活在噩梦之中啊"。

因为知道了"大家并不是变态者，都是和自己一样的人"，所以即使被人说几句不中听的话，被要求做一些自己不喜欢做的事，也不会再像以前那样耿耿于怀，而是像其他人一样无视了。

当能够感觉到"大家都是这样做的，都是这样轻松地生活着的"，自己也不知不觉变得快乐起来了。

"过于敏感"的人
不会成功

☻

在做心理咨询的过程中，有时不由得会产生这样的疑问："为什么这位人士拥有如此出色的能力，却没有出人头地呢？"

头脑聪明，待人接物和善有礼，更重要的是我和他聊天非常开心，并且觉得这是一位非常厉害的人物。

但是，在公司里却经常发生这样的事："哎？为什么你担任着这样的角色呢？""为什么那么草率地就从上一家公司辞职了呢？"等等。

/ 即使工作出色也得不到认可 /

在听这样的人讲述自己经历时，我会发觉"啊！原来他们和我一样敏感啊"，都是非常容易因上司或同事的一句无心之言就"深陷不良情绪之中不能自拔"。

如果是普通人的话，肯定会想"那个上司肯定还会说一些奇怪的话的"，并选择了无视，但是这类人的反应却非常敏感，他们会对上司说："你为什么要说那种话？"听了他们的讲述，我不由得发出一声感叹，那感觉就像看了一部悬疑电影一般。在本不该对上司的话有所反应的场合，毫不留情地进行了反问，结果升职加薪自然也就成了不可能的事。

有一种非常奇怪的现象，就是有些人因为过于敏感地对诸多事情都有所反应，所以工作上就算很出色也不会得到认可。而有些人因为能够无视令人不愉快之事的人比较无所顾忌，所以就算没有做出什么突出贡献也会得到他人的认可。

但是敏感的人稍微有点儿风吹草动就会"啊——""哎呀——"地大惊小怪，战战兢兢，总是紧张地想着"是不是又要有什么不好的事发生啊"，因此总给人一种不光明正大的感觉。

明明辛辛苦苦地做好了工作，但因为总是过于敏感而处于紧张状态，所以和无所顾忌的人不同，他们的工作得不到充分的认可，也因此错失了很多升职加薪的机会，经常痛苦地想："哎！我的工资和别人差了一大截啊。"

/ **在出人头地之前爆发** /

有一种人，即使也会做出很敏感的反应，但他们却选择忍耐，告诫自己"我不能过分关注这种事"。但当好不容易得到了上司的认可，终于来到了"啊！从此我就出人头地啦"的关键时刻，由于长久以来忍耐郁积的不满"啪"的一下子都爆发了出来，于是，头脑一热就做出了这种决定："这种公司还是辞职算了。"

也许，上司的确很过分，公司也不怎么样，但是，令人费解的是辞职的时机。在马上就能升职的时候突然觉得再也受不了而选择了辞职。

归根结底，即使平时再怎么忍耐，还是敏感地捕捉到了上司和同事们那些令自己不愉快的言行，却没有做到像别人一样无视。一旦没有忽视而是敏感地感知并储存在自己心中的话，对公司的印象就会越来越差，甚至会认为这家公司是个黑心企业。觉得上司是个超级可恶的权力骚扰者，于是就会想："再也不想和这样的家伙共事了。"

然而，从公司辞职后又会有后悔的念头袭来："哎呀！我怎么因为这么点儿事就辞职了呢？"虽然心里想着"要是没有因为那点事而辞职就好了",但事实上,因为当时敏感而对各种各样的事做出了反应,因而积累的压力没能释放出来,于是越来越觉得大家都是讨厌的人,公司也是个糟糕的企业,已经没有办法再继续在这里干下去了。

/ 被周围人逐渐超越的经验 /

听着这些人的叙述,我不由得重新审视了一下自己:"啊!原来他们也和我一样啊。"虽然一直在忍耐着拼命工作,但因敏感而对诸多小事都有所反应,真的会觉得上司就是个穷凶极恶的人,最终变得实在无法忍耐了。

虽然有时候也会被别人誉为"发迹最快的人""期待之星"等,但是,因为对很多事都反应得过于敏感,最后听到的都是这样的言论:"也许那家伙根本就不能出人头地。"

于是选择了忍耐，不管什么工作都努力去做，结果就变成了令人讨厌的工作全都丢给了自己。

我虽然一开始这样想着，"只要我把这件事做好的话，也许就能升职了"，并非常努力地去做了，但转念一想："有些人就算没有做别人不愿意做的工作，工作能力也不怎么样，不也很轻松地就升职了吗？"一边敏感地思考着这种事，一边陷入了绝望的氛围中，甚至有时候会把自己气出病来。

反反复复地身体不适甚至病倒，周围的人也会认为"那家伙肯定没机会出人头地了"，结果有时候也会因为讨厌这样的事，而没有办法继续在这家公司待下去了。

/ **变得钝感一点儿，道路就会变宽** /

当时，我也曾傻乎乎地想过："要是能把这个敏感的大脑拿出来清洗一下就好了。"

明明周围的人都毫无感觉，我却因为一点点小事立刻产生了敏感反应，削减了周围人对我的信任，也错失了很多出人头地的良机，让自己吃了大亏，而且还不停地想着这些事，不断地在大脑中积累着压力，结果就陷入了这样的恶性循环之中：变得愈发敏感，会留意更多无关的小事。

就算是在心理咨询的过程中，我有时也会非常担心，让那些由于过分敏感而错失了许多职场开迁机会的客户们变得钝感这事真的可行吗，真的不要紧吗？但令人吃惊的是，经常会发生这样的事，在变得钝感之后，他们果然更容易获得更多开迁机会了。

由于过分敏感而不能继续工作的人在变得迟钝后，会意外地发现："咦？按照这个节奏，我不是要把这个公司都拿下了吗？"带着这样的心情在公司里扶摇直上，平步青云。

虽然我一直认为"敏感的人才能出人头地",但我现在觉得,我想得不对。懂得无视、性格开朗之人才更容易出人头地,并且,他们更能自由地发挥自己的能力,也不会因为别人扔过来一些多余的事而受到搅扰。

以前,虽然我会有这样的印象,"钝感的人是不好的人",但我一边在饰演着敏感的好人,一边却在跺足愤恨,"周围的人都平步青云了,真气死我了"。

从噩梦中醒来,在不知不觉中变得稍微钝感了一点儿之后,也可以说我已经变成了以前自己认为是坏人的那种人,但我眼前的道路拓宽了。不知从什么时候开始,大家也都开始来帮助我了,我开始体会到了人生的美好。最近,我也开始这样想了:"也许这才是我想要的人生!"

我注意到了一件非常有趣的事,那就是已经没必要把大脑取出来清洗了,只要稍微变得钝感一点儿就可以啦!

Part 02

✦

第二章

◗

练习钝感力

　　我是一个比较自我但又很认真实在的人，一直认为"人言总有几分真"，总是没办法无视别人所说的话。会把那些指责我的话当真，觉得"对方一定是出于好意才这么说的吧"，结果最后伤心的只有自己。

分清哪些该在乎，
哪些是不必的

•
‿

有一次，我的邻居停在公寓停车场的自行车超出了车位，看到之后，我感到非常愤怒："这样堵着车位，我的车都不好出去了啊！"

其实，这种小事无视掉就好了，可我那时偏偏觉得"这个邻居肯定是在找我的麻烦""必须得告诉他要好好停车"。

但是，之后我又忍不住想"要是我真的和邻居这么说了，他会不会变本加厉地找我麻烦啊"，或者是"要是不让邻居知道他的做法已经影响到我了，那他没准儿还会做些让我更不痛快的事呢"。

那些善于忽略的人如果得知这种事，估计会很惊讶："你为什么要想那些没有意义的事情呢？"虽然我偶尔也会反思自己"可别因考虑这些事而浪费时间了"，但只要当我想到停车场的画面时，还是会忍不住生气，觉得这事"真是太讨厌了"，根本放不下，也忘不了，甚至在工作的时候也会翻来覆去地为这件事烦恼。

其实，除非邻居明显地违反了规则，否则别人的自行车怎么停，和我又有什么关系呢？但如果做不到忽视，不断地浪费更多时间为它烦恼，觉得自己"因为这种人耽误了宝贵的时间"，只会让自己越想越气。

/ 在意会对自己造成不利 /

一般人看待事物的方式是"分清哪些该在乎，哪些是不必的"，而有些处世达人则会认为"只要伤不着我一分一毫，什么都无所谓"。这种人还经常会说出"反正也不关乎自己的性命，没事啦"这种帅气的言论。

当然，也会有些想法相对不那么激进的人，他们认为"只要管好自己双手所及范围内的事就足够了！超出这个圈子内的，就不必介意啦"，因为他们觉得"那些事情和自己并没有直接的关系"，这种看待事物的方式真是让人羡慕。

确实，如果我也从这种角度去看停车事件的话，邻居其实并不处于我伸手可及的范围内，他做的事"与我无关"，我也就不必在意他的行为了。同样，当看到电车上那些"没有礼貌的人"时，只要想"他并不在我双手所及的范围内，我管不着"，自然也就不会在乎那人干了什么。就这样，以自己为圆心，双臂张开为直径画圆，这道圆就是一条完美的分割线，精准地将事物区分为"什么该在意，什么不必"。

对于网络上的言论，也是同理。只要谨记"发生在自己两手所及范围之外的事都与我无关"，就能忽视那些乱七八糟的事，生活就会变得更加轻松、愉悦。

即便你做不到这种程度也没关系。对一般人来讲，能够意识到"不去在乎与自己利益无关的事情"这一点就足够了。其实，大家身上都具备趋利避害的应对机能，面对类似事情时，可以先反问一下自己："在意那种事情，会给我带来什么好处吗？"之后，你就会发现，在意它根本没什么用，只不过是在浪费自己的时间，那就"别在乎了，该干吗干吗吧"。

如果能主动地以"在乎它会带来好处吗"为标准，去明确事物该不该在乎、要不要在乎，生活就会变得更加轻松。但是，对那些做不到忽视的人来说，只会觉得"任何事都会给我带来不利"。

如果只从自己介意的方面去看待事物，那肯定看什么都感觉"它会对我造成不利"。可是这种思考方式会让人觉得你"吝啬""小气"。比如，当你看到乱丢在路边的垃圾时，觉得"怎么每次都只有我才会注意到这种糟心事，真是太讨厌了"，其实这也是一种"只有自己一直在吃亏"的心理暗示。

我一直都感觉自己"特别穷"。而周围的人却对我这种想法非常的愤怒和不理解，劝诫我"你的工作做得这么好，怎么可能会穷呢"。其实，是我的内在"非常的空虚、悲惨和贫困"。

/ 试着找找"有钱人"的感觉 /

其实仔细想想，会意识到自己是"因为不想吃亏变穷，才在乎那么多事情的"。可是，往往越在乎，糟心的事情就越会一件接一件地发生，让噩梦变成现实。

也就是说，原本自己是因为觉得吃亏会变穷，以"别让我吃亏"为标准去衡量发生在身边的事情，但这

种做法最终可能反而导致"真的变穷了"这一可怕的
结果。

不过,我转念一想,忽然意识到,要是不想让自己
因为在意那些烦心事而吃亏,"不如用有钱人的标准去
衡量什么事该在乎,什么事不该吧"。

一些平时我会在意的事情,当发生在有钱人的眼前
时,他们会做出什么反应呢?与我不同的是,有钱人会
首先明确:"这件事值得我在乎吗?"若我们也用这种
方式看待事物,会惊讶地发现,自己也能做到"无视"
烦心事,同时那些贫穷感和自卑感都不可思议地消失
了。"没有价值"是一个"非常有价值"的衡量标准。

举个具体的例子吧。你在坐公交时,不巧碰上了堵
车,如果你无法忽视这种情况,并抱怨"司机你能不能
快点儿开啊"的时候,可以先反问一下自己:"这种事
情值得我在乎吗?"当你想明白其实它并不值得你在乎
时,就会豁然开朗,忽视掉它了。

　　与其想尽各种理由强行让自己去接受所有事物，还不如先用有钱人的标准去判断"要不要在乎"这些事。当你意识到，那些平时因贫穷感而去较真的事情实际上并不值得在乎时，你就能学会去忽略它们，人自然也就轻松多了。

　　考虑"它值得吗"，可以说是提升钝感的一条重要衡量标准。在使用这种衡量标准看待事物后，人们逐渐会感到自身的价值也在这一过程中得到了不小的提升。

攻击型人格
背后的"嫉妒"

•
‿

当有人对我说"你的这种做法根本不对"时，我会生气地反驳"你凭什么这么说"，但同时，又会因忍不住怀疑"是不是我真的做错了"而难以释怀。

如果因为在意"或许他说得对，真的是我做错了"而改变了自己原本的做法时，往往这人又会跳出来指责道："要是对自己没自信的话，那最开始就不要去做啊！"我不禁想问他："啥?！明明我是听了你的话，还认真反省了之后，才去改正自己的做法的呀，为什么你要这样说我啊？"我感觉太委屈了，甚至有几次半夜都在哭，枕头都哭湿了。

我是一个比较自我但又很认真实在的人，一直认为"人言总有几分真"，总是没办法无视别人所说的话。跟别人聊起这些经历的时候，虽然他们也劝我"在乎那些干什么呀"，可我还是会把那些指责我的话当真，觉得"对方一定是出于好意才这么说的吧"，结果最后伤心的只有自己。

/ 嫉妒就是一种"宣泄" /

曾有一次，有个同事指着我的工作方案对我说："你这做法不对。"而我因太过在意他的话，就对原本的工作方向做了大幅度的调整。

可是，我却听到那个人在背后嘲笑我："那家伙原本工作进行得那么顺利，没想到我说了两句，他还当真了，连方向都给改掉了！真蠢。"听了这话，我的脸立马变得非常苍白。气得手脚麻木，浑身发抖。

等回到了家，我难过得一直哭，眼泪不停地往下掉。我感到很委屈："为什么？我只是想听取大家的意见，一起把工作做好而已啊，为什么要这么对我呢？"我又忍不住想"真的有人会故意去陷害别人吗"，怎么都放不下这件事。

可是，当我看到电视上播出的动物类节目，发现平时温顺的动物幼崽，在嫉妒其他幼崽时也会对它发动攻击，原本只是单纯地感叹"哇！这小家伙变成大猛兽，发起强力攻击啦"，此时，我突然灵光一闪："啊！原来嫉妒其实就是一种动物出自本能地宣泄啊！"

看了那个节目后，我又重新反省了一下自身，忽然想起"其实自己在嫉妒后辈的时候，也曾不自觉地给对方使过绊子"，发觉自己原来也有变得有攻击性、针对别人的时候。

我倒不是自夸，平时，我是绝不会做出那种事的人。只是，我那时觉得后辈"真是任性"，大脑立马就发出"哔哔哔"的警报声，随后就变成了"破坏型人格"，做出了那些"我的天！平时根本就不会去做的过分的事"。

对当时的我来说，并不知道这些行为是一种"宣泄"。可是，在"嫉妒"别人的那个瞬间，我的人格确实变成了破坏型人格，做了一些自己平时不会做的事情，这就是"宣泄嫉妒"的行为。

/ 无意间进行的嫉妒宣泄 /

在宣泄嫉妒的时候，人有一个特征，就是此时表情会消失，脸部狰狞得像是能面具①一样。

---

① 能面具：日本独有的文化产物，类似我国京剧之类，表演时会佩戴能面具，一般都是比较狰狞的。此处以能面具来形容人在情绪失控时可怕的脸部表情。当人在宣泄情绪的时候，面部表情通常是扭曲的。

当我回忆起这些事情的时候，突然意识到："哎？那个出于'好意'而指责我的人，他当时的脸也好狰狞的。"此前，我就是因为看他表情扭曲，才一直以为他"说的都是发自内心的话"，原来他只是为了发泄自己的嫉妒，才说出那种伤人的话来。

另外，因为受"嫉妒发作"的影响，人格会发生暂时性的改变，所以宣泄嫉妒的人完全不会意识到自己"在做坏事"。

而且因为是大脑发热的"宣泄"，很可能等回过头来，本人根本不记得自己说过什么，觉得："嗯？我说过那样的话吗？"而且，由于是一时"宣泄"，即使他当时说了很过分的话，那段记忆也会被大脑过滤掉，甚至可以说，他丝毫没有"做过伤人事"的印象了。

当我们越表现出在意这些宣泄嫉妒的人时，他们甚至越发泄得厉害。换言之，当我越将注意力放在那些攻击我的人身上，并对他们的行为做出反应时，就越容易

激化矛盾。也就是说，我的介意会让对方发泄得更加
激烈。

我是那种会介意很多事情的"自卑型"人格。所以
我经常擅自认为"自己身上没有任何值得别人嫉妒的东
西"，因此，我完全没有被人嫉妒的自觉，反而会真诚
地认为"对方是为了我好才说出这种话的"。

/ 嫉妒"不如自己的人" /

当人们发现"比自己地位低的人，却拥有自己所没
有的东西"时，就会宣泄自己的嫉妒。因此，当我知道
比我地位低的"后辈"比我懂得还要多时，就会突然发
泄愤怒，变成"破坏型人格"。

另外，我本身很自卑，"在意太多事情，做不到忽
视和放下"的表现，让周围的人认为我"总是一副战战
兢兢、非常紧张的样子，应该没有自己优秀"。然后，

他们就会站在高人一等的立场上，抱着"怜悯"的心态来看待我，认为我"小心翼翼的样子真可怜"。可当他们发现"这个人居然拥有我都没有的优点"时，就会无法克制地宣泄自己的嫉妒，变成破坏性人格，做出"说些难听的话去伤害他"的行为。

而且，如果把他们说的话当真，还会惹来对方更加过分的宣泄，承受对方更加变态的攻击和伤害。

我往往无法无视对方的言行，尤其是当我觉得"对方是为了我好才这样说的"或是"他这么说是为了帮我纠正错误"的时候。

但是，当我意识到，"啊！如果我对这种宣泄嫉妒的行为做出反应，只会招致对方更猛烈的攻击"时，很容易地，就能做到无视对方的攻击行为了。最终，对方觉察到所有的宣泄都得不到回应，仿佛石沉大海，也就不会再继续攻击过来了。

以"钝感"来应对对方的攻击，不给对方宣泄嫉妒的机会，自然也就"能非常轻易地无视无关紧要的事情了"。

父母叱责孩子
也是一种嫉妒

．
ﾞ

当一个人接受了别人对自己的恶意攻击，还表现得小心翼翼、非常害怕时，就会让周遭的人认为"这家伙不如我"，这会促使他们发动越来越猛烈的嫉妒攻击，从而使其陷入到恶性循环当中。但是，当我反思自己这种"战战兢兢"的性格究竟是从什么时候形成时，才发现原来"自己从记事起，就非常害怕别人对自己的评价，每次听到他们说的话都感觉非常害怕"。

我深入地思考了一下"嫉妒"这件事，突然意识到"原来我的父母也曾对我发泄过嫉妒"。其实说到底，父母也是动物，也有感情，自然也会像动物一样宣泄自己的嫉妒情绪。

/ 带有"家教"感的嫉妒 /

在我很小的时候，有一次，我正无忧无虑地"哇！哇"叫着、乱跑着玩儿，我的母亲忽然过来"啪"地打了我一耳光。她说："我小时候根本就不会像你这么吵闹地玩耍"。

如果认真地接受这种批评，就会将它解读为"吵闹的小孩是坏孩子，他们不考虑别人情绪，会被别人讨厌的，妈妈这是在帮我纠正这种坏习惯"。

可如果把这种行为看作"嫉妒的宣泄"的话，会发现父母是将"孩子"放在低于自己的地位，认为明明孩子不如自己的地位高，"凭什么他比我更自由！他可以这样愉快吵闹地玩耍"，于是，愤怒的火苗燃烧起来，

内心的嫉妒忍不住发作，变身成了破坏型人格，想着
"我非得扇他一耳光，让他痛哭不可"。也就是说，这
其实并不是为了我的成长而进行的教育行为，"只不过
是对我产生了嫉妒"做出的反应而已。

　　提起母亲的这种"家教"式嫉妒行为，我还回想起
了另一件事。我上幼儿园的时候，母亲似乎是因为带孩
子太过劳累需要休息，父亲就开着他的小卡车把我带到
了他的工作单位，一直待到了很晚才回家。

　　回来的时候太困了，我的头靠在副驾驶的车门上睡
着了。到家的时候，母亲毫无征兆地突然打开了副驾
驶的车门，我整个人就大头朝下"咚"的一声摔到了
地上。我吓了一大跳，"哇"地哭了出来，父亲紧忙跑
过来看我怎么样了，而母亲却对我呵斥道："你干什么
啊？"我仍然清楚地记得，那时母亲没有任何表情，整
张脸像能面具一样狰狞，透着烦躁和愤怒。

　　这也是因为她觉得"这种爱哭鬼明明比自己地位要

低，但是他一哭就能得到父亲的同情"，从而认为"他居然拥有我没有的东西"，于是一时冲动、嫉妒上头，变成破坏型人格，只是站在那里一股脑地发泄自己的嫉妒，根本没想到要过去看看自己的孩子是不是摔伤了。

当时，我还觉得"自己明明是去陪父亲工作的，怎么可以睡着呢？都怪自己在车里睡着了"，一直带着这种罪恶感不停地责怪自己，而这件事我也介意了很久。

对于大部分的父母来说，虽然"自己小时候没有的东西，自己的孩子都享受到了"这种事情是值得高兴的，可是毕竟父母也是动物，可能也会觉得"我都没有拥有过，凭什么他有！太没道理了"，从而勾起心底的嫉妒展现出人格中破坏性的一面，叱责自己的孩子。

另外，可以说嫉妒的宣泄与"爱不爱自己的孩子"完全无关，这是一种自己无法控制的行为。更棘手的是，当父母在向孩子宣泄嫉妒的时候，他们没有注意到自己已经变成了破坏型攻击人格，反而感觉自己"是为了孩子好才这么做的"。

明明是嫉妒自己的孩子，却坚信"自己做的这些都是正确的，一切都是为了教育孩子"，这消除了自己心里的顾虑，导致他们无意识地不断宣泄嫉妒。

人在发泄情绪的时候，脑内电流[①]过剩，还会导致前文中所提到的"失去那段记忆"的现象。与这种情况一样，人在宣泄嫉妒时，过剩的电流经过大脑皮层，也会使人产生"我做的是对的"的错觉，做出那些"全都是为了孩子好"的伤人举动。

/ **容貌美丽却不自信理由** /

有一次，我的一位长得非常漂亮的女性朋友对我说："其实我对自己的容貌非常不自信。"我非常惊讶地

---

① 脑内电流：人脑有时候会在情绪低落、紧张，或是供血不足时候出现的情况，偶尔会出现幻听，像是电流嗞嗞嗞的声音。

问："为什么？你明明长得这么漂亮啊？"但她不这么想。她因为对自己的长相没有自信，听到别的女性在背后议论她"那个人化的妆是不是看起来怪怪的呀"，却没办法把那些话当成耳旁风，心里非常介意，一直都在烦恼，甚至晚上都失眠了。

在和这位朋友详谈之后，她和我说起曾经被自己母亲说过"你真丑"的经历。

她的母亲几乎从未化过妆，平时的穿着打扮也都是"乡下大婶"的风格。

所以，当这位母亲发现自己的女儿"只不过是自己的孩子，别人却都夸她比我可爱，真让人火大"的时候，便不由得愤怒起来，发泄着自己的嫉妒，转换成了破坏性人格。她之所以对女儿说出"你是丑八怪"这种伤人的话，是因为她觉得自己"是为了女儿好"。这位母亲身处破坏型人格时，认为"这孩子长得这么好看，会引来坏男人的！为了不让她日后被欺骗，干脆告诉她是'丑八怪'好了"。

另外，这位母亲还觉得"为了不让这孩子变成只会显摆自己长相的蠢女人，现在就必须打消她的想法，把她培养成谦虚的日本女性"。可是，从宣泄嫉妒及变身破坏性人格的角度来看，这位母亲只是单纯地因为"孩子比自己长得好看，太让人嫉妒了"。

当然，大人们都觉得自己不可能会嫉妒自己的孩子。所以，他们都坚信着"我不可能说了什么让孩子为难的话"。可是，嫉妒毕竟属于本能的行为，只要满足"地位比自己低的人比自己更加优秀"的条件，就必定会发生。

于是，孩子在父母无数次发泄嫉妒的过程中，形成了"对嫉妒行为十分敏感"的条件反射。即使她身处远离家庭的环境中，也会不自觉地表现出"战战兢兢"的弱者形象，并对对方的嫉妒攻击做出反应，对方愈演愈烈，最终让她受到更过分的攻击。

父母的嫉妒非常难以辨别，所以，孩子就会过度地责怪自己，认为是"自己不好"，当来到家庭之外的环境中，也会去在意他人的言语举动。

最常见的情况就是，当孩子回到家，对母亲说"在学校有人欺负我了"，母亲的第一反应却是反问："是不是你做了什么坏事了？"给孩子的伤口上撒盐，伤了孩子的心。

事实上，这是因为母亲觉得"这种程度的小事算不上校园欺凌"，而"他才受了这点儿欺负就能得到别人的关爱和怜悯，自己则从来都没有拥有过这些"，所以才会产生嫉妒，说出伤人的话。

但因为这是种发泄行为，父母并不会意识到自己的做法有什么不对，所以他们一直坚信自己"这么说都是为了孩子好"。

转变成"以自我为中心"
的思维模式

:)

当父母对你说"我都是为了你好"时，他可能是在嫉妒你。宣泄嫉妒的人有一个特征，就是经常会说"忠言逆耳"或是"必须改正错误"等。如果你对此做出回应的话，只会让他们的语言攻击越来越频繁和激烈。

也就是说，如果顺从地接受了别人那些所谓"忠言逆耳"的言论，并按照他们所说内容去改变自己的做法，就会导致他们更加频繁地发泄自己的嫉妒，发表更多的抱怨，从而让你变得"越来越没办法无视别人的言行，做到放下"。

/ 自己也会在不觉中嫉妒他人 /

这其中隐藏着一个非常有趣的提示点。如果父母的这种"为了孩子好"或"得改正错误"的想法可能与嫉妒有关,那么,当自己在想"必须得提醒那个人要好好注意",并且认为自己正在做的事情是对的时,其实可能自己已经在不知不觉中变成破坏型人格了。

即使回顾一下我自己的经历,我一方面"做不到无视别人的言行",另一方面却也有过觉得"那个人做错了",或是"为了他,我必须要这么做"的时候,此时,我忽然意识到:"嗯?难道我的这些做法从本质上来说,其实和我父母发泄嫉妒的行为不是一样的吗?"自己可能在毫无察觉的情况下,对对方产生并且宣泄了自己的嫉妒,还单方面地认为自己的做法是正确的,而实际上,我的这种行为拉了对方的后腿,给对方造成了困扰。当我意识到这一切的时候，顿时觉得毛骨悚然。

长久以来，我一直认为，自己单方面遭受着别人嫉妒的攻击，软弱的我无法忽视那些言行，也无法随心所欲地过自己的生活。

可是，事实不仅仅如此。我内心所谓"无法无视别人言行"的想法，其实也是我宣泄嫉妒的一种行为。这样来看，其实"当自己在注意别人的言行举止时，要么就是他们在嫉妒我，要么就是我在嫉妒他们"。

当感受到对方嫉妒的时候，如果将注意力放到对方身上，就会让"对方的嫉妒变本加厉"。而等到自己宣泄对别人的嫉妒时，嘴上说着"你做错了"，暗自却认为自己是为对方考虑，而如果对方做出回应，也会促使自己陷入"无法停止宣泄自己的嫉妒"的境地。

当对方发泄嫉妒时，如果自己对对方的言行做出回应，对方的发泄则会愈演愈烈，刺激对方加重破坏性人格，对自己说出更多伤人的言语来。

　　在我抱着"为对方考虑"的想法去发泄自身的嫉妒时，这不仅以破坏型人格插手并破坏了别人的人生，同时也破坏了自己的人生。

　　我意识到，虽然我们从小就被教育"要照顾别人的情绪"，可实际上这种理念极具危险性。这是因为，如果既不想引发别人对自己的嫉妒，也不想让自己对别人产生嫉妒，那就必须"要以自我为中心去看待事物"。

/　"以自我为中心"的思维方式　/

　　由此，我茅塞顿开，仿佛心中表示困惑的拼图终于补上了最后一块空缺。那些能够平静地看待别人言行、忽视无端的指责、"随心所欲，走上人生巅峰"的人，的确都过着以自我为中心的生活。

　　而像我这种放不下事的人，一直都相信"站在别人的角度，为别人考虑，自己才能获得幸福"，以他人为中心地活着。我发现，自己之所以以为"不可以以自己为中心！必须要优先考虑别人"，其实是因为"周围人因为嫉妒而设下的圈套"，故意让我这么思考。

当我真正地"以自我为中心"看待事物的时候，忽然发觉"我的人生居然变得轻松起来，可以过上随性的生活了！这种改变太可怕了"。此时，我真切地感受到"原来这些就是来自周围人的嫉妒啊"，从而导致产生了这种"恐惧"。

当人们发觉"明明我都没有这样自由地生活，凭什么那个人就可以有"时，就会产生嫉妒、发泄嫉妒，变成破坏性人格，想要去打破别人的"自由"，做出那些教育别人"不可以只考虑自己"的言语。如果你对这种言行做出回应，则会加重对方的嫉妒心理，引发更为严重的攻击行为。但如果此时你以自我为中心去看待它，会发现"不知不觉就感受不到那些嫉妒的恶意了"。

再之后，可能因为自己逐渐对周围的事物钝感起来，变得不再在乎别人的言行，便享受到"自由最棒"的体验。

最终，你就会把享受自由当做一件理所应当的事，刚刚拥有自由时的那份感动逐渐消退，取而代之的是觉得"做自己喜欢的事真棒"。而当自己在做喜欢的事时，才会发现原来自己的人生居然拥有这么多的可能性。这是因为，此刻的你，已经不会再被周围人的嫉妒所束缚、拖后腿了。

/ "以自我为中心"的人会互相吸引 /

看到这儿，恐怕会有人顾虑，觉得"以自我为中心的话，身边可能会没有朋友"。

确实，当发泄嫉妒的人变得"以自我为中心"后，周围的人会逐渐远离他。

我也会在不自觉中去发泄自己的嫉妒，"物以类聚，人以群分", 时间长了, 身边聚集的也都是那些爱发泄嫉妒的人。

但如果我变成"以自我为中心"的人, 自然也会吸引其他"以自我为中心"并且最终获得成功的人聚集过来, 代替原本那些只知道发泄嫉妒的人留在我的身边。

各自都活得非常自我, 反而能起到互相激励的作用, 与此同时, 促使我们走入一个与以往完全不同的、更加有趣也更加精彩的人生。

职场上那些
"受虐狂"的成因

•
‿

"以自我为中心"的思考方式可以使人"变得钝感，然后整个人都轻松了"。但是，当把它应用到工作中时，自己偶尔会感到"总觉得哪儿做得不够"，导致出现一些"接到了不愿意做的工作"，或是"做得不好，让人际关系出现了问题"等，适得其反。

好不容易让自己"以自我为中心"、适度的钝感不再过于敏感、更加自由地享受生活了，可是不知是因为工作繁忙还是被周围的气氛感染，不知不觉中，竟然逐渐忘记要"以自我为中心"去看待事物，反而认为自己

"必须做点儿什么",就这样做了一些画蛇添足的事情,因此产生了许多"麻烦",让自己吃了苦头。

/ 痛苦会促使脑内麻药[①]分泌 /

痛苦会促使脑内麻药分泌指的是商务职场上的一种"受虐"机制,它和嫉妒之间也存在着间接性联系。

当你在工作中遇到麻烦,产生"这样下去我可能必须得辞职了"的烦恼,并因此而痛苦不堪时,可能突然就会冒出"随便吧!辞就辞"的想法。

这是因为当人感到痛苦时,大脑认为"要感到痛苦了,糟糕了",于是便开始分泌脑内麻药,用来"麻痹痛苦"。而在它起效的那个瞬间,你就会立马感到轻松,好像顿悟了,"随便吧"。等过一会儿脑内麻药逐

---

① 这里是指人类的自我保护心理,当遇到一些痛苦的事时,我们会选择一些麻痹自己的想法,催眠自己,使自己不那么难过。

渐失去了效果，大脑又会做出"又要感到痛苦啦"的反应，并再次分泌脑内麻药，而你也会再次产生"随便吧"的想法。

这个过程不断循环往复，长此以往，身体就会自动生成一种"想要来点儿脑内麻药"的生理需求。因此，人们之所以会自动产生"不可以这么做"的想法，是因为身体"想要通过痛苦来促使大脑分泌脑内麻药"。

或许本人并没有意识到，原来自己之所以觉得"哪儿做得不够好"，其实是因为身体在渴求脑内麻药。因为"痛苦"刺激了脑内麻药的分泌，而"脑内麻药起效产生了快感"，才会让人产生疯狂的"被欺负的快感"。所以，如果个人在生活中总感觉"为什么倒霉的总是我"，那他在职场上也极有可能是个"受虐狂"。

因为一旦他获得了成功，就"无法再分泌脑内麻药"麻痹自己了，他的身体就会自动地陷入烦恼、痛苦、愤怒的状态中。

/ 脑内麻药的不良症状 /

这种"受虐狂体质",是因为从小就不断被动地经受周围人宣泄嫉妒而造成的。那种父母或周围人产生的"噼啪作响"的嫉妒电流,虽然发泄的人看不见且意识不到,可是被"击打"的人是非常痛苦的。

大脑之所以会分泌脑内麻药,就是因为它可以麻痹那些嫉妒的攻击带来的痛苦感受。不断分泌的脑内麻药麻痹了其他感官,当大脑突然停止分泌它的时候,你就会产生"身体不舒服"或者"心情变糟了,没办法冷静下来"等不良症状。

当你刚开始"以自我为中心"时,会觉得"不太能感受到别人的嫉妒了",也逐渐不再受周围人宣泄嫉妒的影响。在此后的一两个月内,则会因为你的大脑开始渴求脑内麻药,出现一些不良症状。这些所谓的不良症状就是指那种无法让人冷静下来的感觉，比如"总觉得哪儿做得不够好""这样下去能行吗""总想说废话"等等。

也就是说，当你在"距离成功只有一步之遥"的关键时刻，突然觉得继续下去"太麻烦了"而最终导致失败的这种情况，就属于脑内麻药的一种不良症状。

每当工作很顺利的时候，你就会觉得不自在，最终总是重蹈覆辙，失败告终。这就是因为你的身体想要"再来点脑内麻药吧"。也可以说，那些在职场上总是不断失败的人其实都是受虐体质，他们在通过不断失败满足身体"对脑内麻药的渴望"。

/ 摆脱受虐体质，培养成功体质 /

这种脑内麻药会诱发"职场上的失败"。不过，如果我们反向思考，会发现如果不受脑内麻药的支配，就可以不用再这样失败了。

因此，当自己无法冷静下来、快要掉入失败的深渊时，及时注意到"啊！我的身体正在渴求着脑内麻药"，就"能够规避失败了"。

当你规避了失败，并取得职场上的成功后，会感到"大脑在分泌成功体验的荷尔蒙"，而你此时就会明白，原来"成功带来的荷尔蒙比脑内麻药好太多了"。

如果在某个时刻，你莫名其妙地感觉"啊！这不就是我在职场上经常遭遇的失败模式吗"，而此时，只要你能理解这是"我的身体正在渴望脑内麻药的麻痹"造成的，冷静下来沉着应对，再过不久，你就可以体会到"成功的荷尔蒙带来的美妙滋味"并乐享其中了。

在刚开始纠正受虐体质的时候，每隔两个月，潜意识里可能就会产生一次对脑内麻药的需求，觉得"必须得做点儿什么去补救"，在失败的边缘加以试探或是主动面对自己讨厌的事物。不过，只要再等两年左右，这种意识就会慢慢消失，人也逐渐由受虐体质蜕变为出类拔萃的成功体质。

彻底摆脱地狱般的
"受虐者"形象

想要获得因失败的痛苦而从大脑里分泌出来的脑内麻药，于是故意失败，这从商业的角度来讲就是超级受虐狂的模式，放在人与人之间的关系上来看的话，就是那种"被欺负者的形象"。

我在公司里也经常被当着众人的面说"你说话声音太不正常啦""报告写得太奇怪啦"之类的话，随后则会引起一阵嘲笑声，每当此时我就打着哈哈解嘲蒙混过去。

但是，过后又会涌起一阵不可遏制的愤怒，"为什么非要当着大家的面那样说我呢""别人不也有很多奇怪的地方吗，为什么专挑我欺负呢？"这些问题常常搅扰得我无法入眠。

虽然每次我都想着下次再发生这种事的话，我一定要毫不客气地反击，或者明确地告诉他们我很生气，但是下一次我仍然是被欺负的那个人，仍然只会赔着笑脸听之任之，心里懊悔地想着，我又掉进地狱里了。

虽然带着凄惨的心情无数次黯然落泪，但是没有一个人理会我，没有人知道我心底里受到了伤害，反而错误地认为，这家伙就喜欢被人欺负。就连自己有时候也会想，"我给大家当猴耍，可以调节下气氛，我就忍了吧"，但是转念又想，"凭什么非得让我当猴给大家耍，当大家的牺牲品呢"，顿时心中又充满了怒火，不停地冒出这样的念头："这简直就是地狱！我不想去那种地方上班！"

因此，虽然非常想彻底摆脱这种被欺负者的形象，

可一到了实际的那个场合，我又会一边配合着嘿嘿傻
笑，一边打掉了牙往肚子里咽，什么反击的话都说不出
来了，因为脑子里会反复强调着："如果我反击的话，
职场的氛围就要受影响了。"

/ 为什么要"赔笑附和" /

赔笑附和也是有麻痹痛苦效果的，是和大脑里分泌
出来的"脑内麻药"相关联的。"居然这么欺负我，实
在太让人恼火了"，只要这么一生气，大脑就不断地分
泌出大量的脑内麻药，好让因为愤怒而产生的痛苦得到
麻痹。酒也有同样的功效，很多人都会有"为了麻痹不
良情绪而喝酒"的情况吧。同样地，回到家之后仍对白
天的事不能释怀，所以会一边想着"真是气死了"，一
边开始喝酒。

想起令人不愉快的事，虽然会选择"让脑内麻药来

麻痹它吧"，但实际上控制愤怒的机能却麻木了，不起
作用了，因此无法让怒火停止，于是，当第二天早晨起
来的时候，因为脑内麻药已经处于被耗光的状态，所以
反而会觉得"不安""恐惧""不开心"等负面情绪倍
增。这就是脱离现象，也称为分离性感觉，用喝酒的情
况来描述的话就是宿醉状态。

当带着加倍的厌恶被欺负的情绪来到公司，结果又
开始被欺负的时候，那种痛苦也加倍地增加了，所以脑
内麻药又开始持续不断地分泌，把当时的感受麻痹掉，
因此又变成了赔笑附和的状态。因为不愉快的感觉彻底
被麻痹了，屏蔽了，所以才会被别人认为"这家伙就是
喜欢被别人欺负"。

但是，这并不是真的开心，只不过是由于痛苦而分
泌的脑内麻药在起作用罢了。

/ 无冲突地摆脱"受虐者"形象 /

成为"被欺负者"的另一个原因是来自周围的嫉妒。

嫉妒是"当各方面都不如自己的人拥有了自己所没有的东西时所引发的"一种心理现象。

因此，以"工作上的失败"为由头，并且"各方面还都不如自己"就成为了比较容易引起嫉妒的条件之一。

这时候，如果有谁对被欺负者表示出怜悯之情，说了句"没必要因为这种事欺负他吧"，则会使其可能成为破坏性人格之人产生逆反心理，"我才不需要你这种人可怜呢"，并在大脑里引发"哔哔哔"的警告音，随即引发了嫉妒。

由于嫉妒而变身成为破坏性的人格后，明明实际上说着过分的话，做着过分的事，嘴上却说"我都是为这个人好啊""我这都是为了公司啊"等等冠冕堂皇充满正义感的话，自己也产生了这样一种感觉："我没有做错事。"嫉妒发作，也可以说是因为感觉自己化身成了"正义的使者"，所以不管他说什么，做什么，别人都不能指责他。

其实，想要彻底摆脱这种被欺负者的形象很简单。首先就是要"以自我为中心"来考虑问题。所有那些"都是为你好啊""这是为公司着想"之类的发言都是"嫉妒"，把它们全都无视掉，你要做的就是"不要考虑对方的感受"。

其次，当不愉快的回忆涌上心头时，试着去感知一下脑海深处那种"啊，好想用脑内麻药来麻痹自己一下啊"的情绪。然后努力回想一下，"用脑内麻药麻痹自己之后的宿醉感是很难受的哦"，彻底停止反复翻弄不愉快的回忆来分泌脑内麻药这一过程。这样，第二天早晨醒来之后，不愉快的心情就能够得到缓解了。

进而，当在职场受到欺负时，不妨回以质疑的声音，并露出明显不悦的表情，这样做可以防止脑内麻药麻痹面部肌肉，可以很好地做出不愉快的表情，只要回一句："你什么意思？"周围的空气立刻就会安静下来，大家就会明白，不能随便这家伙，尝试一下这个过程，你会觉得很有趣。

在这一刻你会明白，以前因为脑内麻药麻痹了面部表情，所以没有把自己讨厌被欺负的事传达给大家，那将是非常有趣的顿悟一刻。

即使没有因每一件发生的事都向对方发火，只需去掉麻痹让感情自然地流露出来，让对方感觉到"不可以欺负这个人"，让自己不再是处于劣势的一方，你就会看到这样的现象，对方不再对你表现出嫉妒了。

若是不遭人嫉妒的话，旁人就会对你说诸如此类的话，"哎呦？一点儿错误都没有嘛""说话不结巴了嘛"，这种场景也会使人有重新感受到嫉妒的威胁。越是变得钝感，越是不去感受周围人的情感，周围的嫉妒也就渐渐消失了，你就会感觉到"原来工作是这么轻松愉快的事啊"。

于是，已经没有必要再用脑内麻药来麻痹自己的感觉，也就能越来越活出真正的自我。

一冲浪就治好了过敏症？

　　我是过敏体质，对花粉、灰尘等都很敏感。只要进入一个稍微有点儿灰尘的房间，就会止不住地打喷嚏、流鼻涕，陷入非常痛苦的状态。

　　也许是受此影响吧，就算是在街上走，也会产生这样一些负面情绪："不能原谅那些一边走路一边抽烟的人""乱丢烟蒂的人实在太让人恼火了"，等，总是让自己很生气。

　　总而言之，还是因为会一直想着"我不喜欢吸入飘过来的烟灰""乱丢垃圾会污染环境会让过敏症变得更厉害"等等，而无法无视这些现象，进而"不能原谅这些人"。

　　很快，随着年龄的增长，我也升到了部长的位置，朋友邀请我"一起去冲浪吧"，于是一起下了海。

因为我是初学者，而且体力不够，运动神经也不怎么发达，所以觉得自己"一点儿都没办法冲上浪尖"，不出意料，好几次都被波浪卷翻了，掉到大海里咕嘟咕嘟地喝了不少海水。

但是，经过多次反复尝试，却让我有了非常吃惊的发现。

我以前很怕脏，稍微有一点点脏就不能忍受，所以从来不会赤足在地上走。这次居然不知从什么时候开始把嫌脏这件事给忘了，彻底无视了地板上的沙子和泥污，光着脚就踩在了上面。而且，走在路上，也完全不再注意那些"乱丢垃圾的大叔"和"一边走路一边抽烟的老大爷"们了。

如果放在以前，我只要一看到这样的人就会一边心里暗自思忖对方会不会是个危险的人，一边赶紧把目光移到旁边，现在彻底没有这些现象了，完全无视他们了。

我把这些话告诉了邀请我来冲浪的朋友，结果朋友告诉我说："是啊！自从开始冲浪之后，我的过敏性皮炎就彻底好了。"我不由得吃了一惊。那时候我开始想，也许"免疫机能"和"不能无视"状态是有关联的……

如果免疫机能判断某个进入身体内部的东西"对身体有害"，免疫系统就会开始攻击那个东西。

但我的情况却是，明明不能收拾或者不能打扫，还是会发出"除菌"的命令，然后就一直在意着那些细菌，"花粉是有毒的""灰尘也是有毒的"，根本无法无视这些通常情况下根本没有毒的东西，从而让免疫系统陷入了胡乱启动状态。

而通过下海，喝了不少海水之后接触了"很多的杂菌"，免疫系统也放弃抵抗了，无视了这些平常一定会引起反应的东西。

虽然免疫系统应该是通过大脑来控制肠胃的，但是如果肠胃的免疫系统放弃了抵抗，选择无视的话，就会发生这样不可思议的现象：再看到那些以前一定会有所反应的大叔们，大脑就会想"随他们去吧"，然后不再对他们有任何反应了。

不仅仅是大脑、肠胃，我们的过敏也和日常生活中无法忽视不能容忍的东西有着密切的关系。

随着冲浪次数越来越多，接触的杂菌也越来越多，于是就想着"算啦，没什么大不了的"，无视了它们，结果也会让日常生活更加轻松愉快起来。

Part 03

✦

第三章

● ◡

你想多了

人们理解不了别人的情绪，甚至理解不了自己的情绪。

懂得真正无视的
重要性

．

以前，当我看到同事被上司责备，自己也会跟着胆战心惊，总想着："太可怕了……我可不要被人这么训。"

忽然有一天，上司冲着我大吼："你以为你是谁啊！"我当时吓得都呆住了。"还是个新人，就想自己把这个项目的功劳全占了，你以为你是谁啊！"上司气得火冒三丈："你是为了让客人只感谢你一个人才做这份工作的吗?！"

上司看我的眼神仿佛在看什么脏东西。我的心一下子掉进了谷底，觉得自己简直一无是处。

当着众人的面被上司痛骂一通，就差没直说这是个"腹黑又卑鄙的东西"，想必我的脸都绿了。同事看到这一幕，赶忙过来安慰："啊！别介意。"

那位同事告诉我："可能上司今天痛风又发作了，拿你当出气筒呢！"然而听了这话，我心里想的是"他肯定是为了安慰我才这么说的"。

/ 焦躁不安的真相 /

我始终没法对上司的话一笑而过，心里反复在想"或许我真的是一个傲慢又讨人嫌的家伙"，觉得自己之前做的工作毫无意义。终于，我觉得自己没有资格继续待在这个岗位上，开始思考跳槽的事情。

直到有一天，上司的太太来到我们的办公室。我听见她说："今早我和那人大吵了一架！"然后那天开会的时候，我一眼就看出来上司的情绪十分焦躁。如果没有听到上司太太说的话，我看到上司焦躁的样子很可能又会认为"他是因为我的工作失误才这么生气的吧"。

那天，因为上司的情绪不好，有位同事战战兢兢，作报告时连话也说不利索。果不其然，上司立刻就发作了，大吼道："你在干什么！"看他生气的样子，我差点儿脱口而出："啊，开始发邪火儿了！"

因为之前听到了上司太太说的话，所以我已经猜到他可能会在这时爆发，心里一点儿也不意外。然而被责备的同事已经脸色苍白，手也在不停地颤抖。我一时忘记了自己的事，对他满心同情："他把上司的话当真了！"然而我又不能把从上司太太那儿听到的话告诉他，只能对他说："别介意！"其实我知道，他一定和我被训斥时想的一样，以为我是在安慰他。

/ 明明未犯错，反省无济于事 /

在此之前，只要有人生我的气，我总会以为"一定是我不好才惹得他这么生气"，真心实意地反思。最后得出的结论往往是：我这个人太差劲，对方是在把我往正确的方向引导！因此，我一直坚信必须认真听取别人的意见，多改变自己，否则真的会变得无可救药。

然而，随着上司太太给我们透露的信息越来越多，我开始渐渐了解上司发火的规律。

没过多久，我又知道了他痛风严重时还有抖腿的毛病。因此后来他再骂我"你在搞什么"之类的，我也不再往心里去，不再纠结是不是自己真的做得不够好。到我几乎能够完全对他的责骂一笑置之，忽然有天发现，自己比以前自信得多了。

真诚接受批评，虚心反省，想要"努力满足领导的工作要求"时，反而隔一段时间就会把工作搞砸，被上司痛斥。等自己能够对上司的怒吼一笑置之，反而有了做好工作的自信，失误也在不知不觉中减少，工作变得轻松起来。

道理其实很简单！上司因为夫妻吵架、痛风引起的不适拿下属出气时，下属再怎么反省也无济于事，只会让自己变得越来越不自信。

打个比方，这就像医生对你说"你肚子里有肿瘤，必须手术"，等用手术刀切开腹部一看才发现，"哈？怎么什么都没有？"没有病的地方被开了刀，身体受到伤害，自然会变得衰弱，正常人没有谁能抵受得住。

把上司拿下属出气的话当真，一个劲儿地自责"是我不好"，除了让自己痛苦外，不会起到任何作用。受这种痛苦影响，整个人可能都会慢慢丧失自信，变得没有活力。只要不拿"这儿不够好"之类的话往心里去，别让自己受到伤害，自然能够恢复元气。

　　观察曾经一起工作过的同事，我发现一个很有意思的现象：不反省的人往往都变得越来越能干，反而是那些把上司的情绪看得特别重，时刻都在反省自己的人，表面上看起来似乎"中规中矩"，实则工作能力一直在下降。

表面上倾听，
实则毫不在意

:

如果总是反省"自己提问的方式不对""自己的态度不好"才惹怒了对方，就会越来越无法坦然对待对方的苛责。久而久之，自己越是受伤，对方的攻势就越猛烈。

人类也是动物的一种，因此，和别的动物一样，有着"淘汰弱者"的本能。然而，即便是出于本能的行为，人类也会在贬斥别人时觉得自己是出于善意，认为"我是为他好才会说他几句"。为出于本能的行为寻求正当理由，这本身就是错误的，但本人根本意识不到，总会拿"善意"做挡箭牌来掩盖兽性。

因此，如果因为对方的言语而受伤，变得胆怯、头脑僵硬或感情用事，进而暴露出弱点，只会让对方的动物本能越来越强烈，根本无法控制攻击的欲望。

/ 装作已领受对方善意 /

既然对方被动物本能控制，那只要在对方攻击时坚决地把他挡回去就好了。

然而，人类比动物更为复杂——人类会用"善意的行为"来解释自己动物性的行为——目的一旦受挫，立刻就会认为"对方拒绝了我的善意"，进而联想到"他是在拒绝我这个人"，变得越发愤怒。

因此，只要表现出"你善意的部分我在真诚接受哦"的态度，事情就变得简单多了。

总而言之，就和我的上司一样，他"愤怒的本质"其实和我完全无关。或是因为和太太吵架，或是因为痛风而情绪焦躁，使得他利用强势的地位向下面的人发泄"动物本能"。

如果对此一一纠结，只会使自己的处境越来越不利，让对方的进攻越发猖狂。将它们视为"动物本能"一笑置之，对方的怒火也会很快平息。当然，这么做时最重要的是做出"我正在接受你的善意"的样子。

实质性的愤怒没有任何深层含义，因此，做出"正在接受善意"的样子也不会造成任何问题。相反，做出这种姿态消解对方的愤怒，能够使自己免于受伤，让自己脱离弱势的处境。这样一来，对方无法利用强势地位向下发泄，自己就能慢慢变得强势，甚至可能完成强弱转换。

/ 表现出邻家奶奶样子 /

那么，对于真正"出于善意的愤怒"应当以什么样的态度进行消解呢？

想象一下，邻居家的老奶奶端着一盘菜在敲自己家的门，说："今天菜做多了，你帮忙吃点儿吧。"这时你会采取什么样的方式应对？

如果直截了当地拒绝说"我不吃别人家的东西"，跟邻居家的关系肯定得闹僵。因此，即便心里不舒服，也要做出高兴的样子接过来："真是不好意思呢，一直承蒙您关照。"然后，把盛菜的盘子洗干净了，放些回礼送还给老太太。

你肯定不会对送东西来的老太太说"你很烦啊！别没事找事好不好""你是把吃剩的菜拿过来了吧"之类，对吧？

有人责备你时也一样，就当他是拿着包裹送吃的来了，用一种"非常感谢您一直为我操心"的感觉应付就可以了。

等到找准合适的时机"送还盘子"的时候，再提醒那位责备过自己的人"您这里做得不对呢"作为回礼。

对送来了菜肴的老太太，带些回礼还给她，再说一句"你不必这么费心的"，她会明白你真正的意思是"还要给你回礼，很麻烦的"。

老太太可能会说"你把空盘子还回来就行了"，但如果真还个空盘子，自己恐怕也不会心甘，总觉得自己受了她的施舍，扮演了剩饭剩菜处理员的角色。

因此，必须放些和收到的礼物价值相近的东西在盘子里，还回去的时候表达出"你可能是出于热心，但让我很困扰"的意思，有助于建立双方对等的关系。

对责备自己的人也是一样，展现出热心接受对方善意的姿态后，找准时机有理有据地进行还击才能和对方建立"对等"的关系。工作之所以越来越顺利，一部分原因就是没有了毫无意义的责备扯自己的后腿。

责备的模式①
怪兽级的抱怨者

接下来，我们来看一看责备有多少种模式可寻。

我做销售的时候，某天突然接到一个电话，对方说"出大事了"。原来是有客人训斥前台窗口的女员工服务态度不好。

尽管该女员工一再九十度鞠躬道歉，客人依旧不依不饶："光是嘴上说对不起就行了吗？！"她被训得泪流满面，找到上司说："我光是看到那个客人就害怕。"

无奈，上司出面应对。到客人面前照例是深深鞠躬，道歉说："非常抱歉！今后我们一定会好好为客人提供服务！"客人并不买账，连上司也一并骂了。"说这些话就想打发我？就因为有你这样的上司，下属才会那么没礼貌！"

/ 倾听到让吐槽者流泪 /

上司也没了办法，只好给我打电话，让我想想办法。这时候，我已经明白"客人生气的根本原因在别处"的道理，因此客人跟我抱怨那位女员工的态度有各种各样的问题时，我并没有急于道歉。因为如果道歉，就会向对方传达"这个话题就到此为止"的态度，找不到愤怒的根本原因。

我刻意避免道歉来中止谈话，不停地附和他说"对""你说得对""原来这样啊"，让他尽情宣泄自己的情绪。

就这样听了许久，"没有人听我说话！"他忽然恨恨地说，"大家都装出认真听的样子，其实心里拿我当傻瓜！"

我赶忙问他怎么回事。他说："我妈妈从来不听我的意见，总是在不停地否定我。"最后，他流起了眼泪，说："从来都没人拿我当回事！"看到他哭了出来，出于销售者的敏锐，我赶忙问他："那你看现在怎么办？合同还要签吗？"他泪流满面地说："签！按最贵的方案来！"当时我就在心里大喊了一声："太好了。"这个合同拿下来，基本上这个月的销售冠军就是我了。

可惜，第二天客人给公司打电话说："那个人太可怕了！把我的心里话全都套出来了！我可不敢跟你们合作了！"他居然打了退堂鼓！

后来该女员工找我道谢："谢谢你帮我出了口恶气。"其实我并没有做什么，只是安静地听对方说话而已。

/ 巧妙应对获得信赖 /

这个案例的关键点在于那位女员工在被斥责"态度不好"时感觉"对方在无理取闹",从而让对方真的开始闹情绪。而客人生气的真正原因并没有在话里体现出来,才会让人觉得"他在无理取闹""这客人是个刺头儿"。

某种意义上讲,有这种感觉是理所当然的。对方愤怒的本质在别处,如果把他的话当真,怀疑"是不是我的态度真有问题?"只会让对方的怒火越来越旺盛。究其原因,对方不过是借其他的事发泄自己潜在的怒火,无论根据他表面的话怎么应对,对方的怒火都不会平息。

因此,如果真诚道歉对方依旧十分生气,就应当改变视角,思考他愤怒的真正点在哪里。

认真倾听对方说话，最终能够发现对方生气的真正原因，同时也能明白事情的过错并不在自己。这样一来，反而能和客人站在统一阵线，建立双方的信任关系。

有位专家曾说："人们理解不了别人的情绪，甚至不了解自己的情绪。"我也曾在商店里对店员发火，事后想起来依然觉得"那店员的态度真让人恼火"。

然而，仔细想想事情发生的经过，总能想起来一些别的，比如"啊！那之前不久我刚和工作伙伴吵了一架""在公司被上司穿小鞋了"，我们不仅不知道别人心里怎么想的，甚至连自己的情绪都弄不明白。

那位客人也一样。他以为很清楚自己在想什么，其实不是这样，等我们帮他梳理好情绪，他自然会觉得"这个人值得真正信任"。因此就出现了一个很有意思的现象：忽略客人表面的愤怒，帮他找到愤怒的本源，反而收获了巨大的信任。

忽略他人指责的诀窍很简单。因为大家都不真正了解自己的情绪，因此，只要引导对方真正认识到就好。

责备的模式②
净说难听话的上司

·‿·

有天，上司突然问我："你的报告书怎么不好好写？"我自己觉得写得挺认真，就想："上司又来鸡蛋里挑骨头了！"等他把报告里的问题一一指出来，我才开始焦虑："啊！原来真的有这么多问题！"

自己明明很认真地在做，却总被发现有重大的错误。这种时候，我们会想："要是上司别这么吹毛求疵，我的工作肯定能做得更好。"

如果能在更理想的上司手底下工作，自己肯定更轻松，不会反复犯这些低级错误。即使你真的这么想，告

诉别人的话，换来的回答也只会是"异想天开""遇事
就怪别人是没法成长的"之类。

/ 嫉妒只因你拥有上司未有的 /

事实上，"如果上司不是这样"的想法才是正确的。
之所以会想到"这个上司吹毛求疵"，是因为感受到了
上司这么做是出于对自己的嫉妒。如果上司真的是为下
属着想才做出提醒，下属是不会觉得他烦人或啰唆的。

然而，即便被告知"上司其实是在嫉妒你"，恐怕
许多人的反应也会是"啊？我哪有什么能让上司嫉妒的
才能"，因此，很多人做梦都想不到上司发难是因为嫉
妒自己。

前文我们已经讲过，嫉妒发作的条件是"明明地位
比自己低，却拥有自己没有的东西"。

具体来讲，下属的地位自然比上司要低，而如果下

属比上司年轻,"年轻"就是上司没有的东西。看到散发年轻活力的下属,上司嫉妒心发作,就变身成了破坏型人格,用频繁指出"你这家伙这儿做错了"的方法来打击下属。

"比上司更能和周围的同事打成一片"——这也能成为上司嫉妒心发作的理由。当然,和同事聊天时,我们肯定不会因"我真受欢迎"而扬扬得意,但在上司眼里就变成了"我不在的时候这帮小子聊得够开心的啊",嫉妒自己在场时没有的良好氛围。

尽管是因嫉妒心发作,变成了破坏性人格,但上司会觉得自己是"正义的伙伴",认为"这帮人只顾着交朋友,精力完全没放在工作上,我必须找到他们的错处,点醒他们"。

嫉妒心发作的上司想要挑下属的错时,往往很简单就能找到。我被那位嫉妒心发作的上司斥责时就没想到这个道理,反而被他的情绪影响,觉得自己真的不够好。

自然而然地，虽然也不服气这个讨厌的上司，最终，还是觉得"如果我能像别人一样把工作做好，就不会受这个气了"，以至于失去了自信，觉得自己毫无可取之处。

/ 大脑会模仿周围的人 /

事实上，这件事背后还另有隐情。把时间再往前拨一些，早在我工作犯错误之前，上司的头脑里早就埋下了嫉妒的种子——"那小子挺受大家欢迎啊，嚣张得很！"

嫉妒的发作就像掩藏在乌云里的电流一样。上司脑中的电流传导到我大脑中时，我的第一感受是"哎呀！大脑一片空白，没法集中精神了"。

在学生时代，我曾用电脑写第二天要交的论文，忽然一道炸雷落在宿舍里，我通宵做出来的所有数据都不见了。这次的感觉也很类似，上司脑中嫉妒的电流传来时，我的集中力顿时消失，平常能够做到的事也做不到了。

人类的大脑有个特征，就是会模仿周围人的状态。想必许多读者都有过这样的体会：旁边有人紧张时，自己也会紧张。这就是因为我们的大脑模仿了那个人。

上司盯上了我，嫉妒的电流向我传导，于是，我的大脑也像流入了过多电流的电脑一样死机，因为对方的嫉妒陷入了无法正常工作的状态。由此看来，"如果换个上司，我的工作肯定能做得更好"并不完全是推脱责任的借口。

被别人直接训斥或冷眼看待当然也会受伤害，但被人嫉妒就像触电，虽然外表看不出来，可大脑的机能已经被电流冲击得七零八落，无法正常发挥作用。

/　对嫉妒电流进行反击　/

其实，想要免疫嫉妒的攻击很简单。被上司斥责，心里感到不快时，想着"啊！他在嫉妒我"就可以了。只要做到这一点，就能对上司的训斥一笑置之。

其中的原理很简单。大脑的特征是"模仿自己关注的人的状态"，因此，当大脑被上司发出的嫉妒电流击中无法正常运转时，就会把关注点移到上司身上，也向上司发送电波："我没法工作是因为上司的嫉妒！"

降噪耳机的原理是用完全相反的声波杂音来抵消外界的杂音，制造出安静的状态。上司发出的电流传导过来时，自己也还以颜色，两股电流的频率就会相互抵消。因此，只要表达出"啊！上司在嫉妒我"的意思，上司的怒火也会被消解掉。

觉得"这个上司真是烦"时，尽管上司的怒火越烧越旺，自己居然能像没事人一样保持平静，也不像以前那样经常在工作中犯错误了，真是不可思议。

只要将从上司那里传来的嫉妒电流反击回去，所有的事情就都解决了。这种方法简便有效，能够很好地从心里过滤上司的训斥。

责备的模式③
总发火的妻子

●
‿

　　有天，一位妻子训斥丈夫说："你为什么不能好好听我说话？！"丈夫回答："我工作很累，能不能理解一下啊！"

　　其实，丈夫也知道这句话说出口的影响力不亚于大地震，会在两人之间划出一道巨大的鸿沟，然而，许多夫妻的相处模式都是"我知道这样不对，但就是忍不住"。

　　这时，妻子反唇相讥："你在外面逍遥自在，家里的活儿都推给我，你有没有理解过我？！"丈夫也不甘示弱:"你自己在家不也过得舒舒服服!在外面拼命赚钱的可是我!"丈夫说完就开始后悔,意识到自己说了不该说的话。

然而,这时候已经剑拔弩张,两人都停不下来了。

/ 男子力与女子力^① /

这位丈夫觉得"要是对妻子服了软,她就会得寸进尺",所以才想"把妻子的抱怨打压下去,让她赶紧闭嘴"。

"她会得寸进尺(要求越来越高)"的认知是正确

---

① 男子力:此处的男子力具体指的是男子固有的行动力、自我实现能力、勇气、积极性、责任感、社会性、热情、实行能力、力气大、竞争力等。

女子力:此处的女子力具体指的是女子固有的阴性之柔美、感性、包容、甜美、顺从、抚养子女、感情充沛等。

的。因为前面的章节中我曾经说过："人们理解不了别人的情绪，甚至不了解自己的情绪。"

妻子感觉心里有些不痛快，但弄不清楚"不痛快"的原因，所以她只能胡乱猜测："会不会是因为丈夫不认真听我说话？"

因此，丈夫能够隐约感受得到：即便自己努力地听她说话，也只会引得她更加竹筒倒豆子似的数落自己。然而他也明白，自己如果不做些什么，妻子的不满只会不断膨胀，最后会出大事。

话虽如此，我不觉得这仅靠男性单方面的能力就能做到。在职场上，要时刻注意人际关系，累得筋疲力尽回到家后还要注意妻子的情绪，努力消解她的不满或不安，对男性来讲，这是很沉重的负担。

而且，有些男性认为"我不具备理解女性心理的细腻情感"。他们明白，如果有那么细腻，自己在社会上会更成功，生活也不会这么无聊了。

　　这种"不具备能够消解妻子不满和不安的细腻情感"的认知也是正确的，而且，"如果有那么细腻，早就在社会上出人头地了"说得也非常对！

　　这背后隐藏着一个很有意思的问题：为什么在公司能够坚持工作，回到家却没有耐心对待妻子呢？男性将原因归结于"如果有那么细腻，我早就出人头地了"。这里的"细腻"听起来有些宽泛，其实换个词来讲就是"女子力（女性的力量）"。

　　在职场上，男性依靠"男子力（男性的力量）"来坚持工作。在职场上挥洒"男子力"，筋疲力尽地回家后，又被妻子要求提供自己不擅长的"女子力"。在这个背景下，才会出现上述的问题。

　　男性每天都在重复着发挥"男子力"在职场里战斗，然后筋疲力尽地回家这一过程。回家后，面对妻子的喋喋不休，在职场上无往不利的"男子力"却发挥不了作用。男性们会因此怀疑"我连妻子都应付不来，那工作不是更没能力了",以至于无法用平常心来应对妻子的抱怨。

/ 妻子牢骚是"女子力"供给源 /

但同时,反过来想,会不会觉得"如果男性拥有能够应对妻子的'女子力',一定能更成功!"

"如果能从妻子那里吸收女子力,工作能力将会飞跃式提升"——这个可能性是存在的。因此,可以将妻子的责备看作"女子力的供给源"。无论妻子说什么,都抱着"这能提升我的女子力,让工作更轻松"的心态来听,不知不觉间"哎呀,妻子的话好像越听越有趣"。

在此之前,丈夫的潜意识一直在维护自己的男子力,拒绝认真听取妻子的话。但是,觉得"提升自己的'女子力'或许可以对工作有帮助",兴趣盎然地听妻子说话后，不知不觉就会变得"工作完回家后也不觉得那么累了"。

原本回家后总是一副"我什么都做不了"的样子，现在开始有些余裕，对家里的事情也有了兴趣。

将妻子的话视作"提升女子力的源头"认真听取，能够改变思维结构，了解女性的想法，渐渐地对妻子的话越来越感兴趣。

忽然有一天，"咦？工作中灵感不断"，男性会发现自己的头脑比以前更加清晰，甚至自己都吓一跳。

以前，自己拼命工作却总是得不到别人的认同，从妻子那里吸收了女子力后，发现周围人看自己的眼光里都带上了些许尊敬。以前，听妻子责备自己时心里想"如果我连你都能应付，肯定能出人头地"，最后发现居然果真如此。把妻子的抱怨当成"提升女子力！提升工作能力"的营养源来处理，真的会发生超出想象的有趣变化。

责备的模式④
喋喋不休的丈夫

．

相信许多女性都有过这种体验：被丈夫指责"为什么连收拾房间这种事都做不好""为什么冰箱里尽是些没用的食材"时，自己都会觉得非常委屈。

"那些明明都是为了你才买的健康食材""我都是优先考虑你，自己喜欢的东西一点儿都没买"，想到这儿，妻子心里更加生气："为什么丈夫完全不理解我的苦心？"而一旦回嘴说"你不也是一样，买了一堆书从来都不看""我让你做点儿家务，你从来都不做"，丈夫的心情会更加糟糕，自己也会不胜其烦。

/ 别在意丈夫"指责" /

当丈夫训斥自己，感到"真烦"或"真啰唆"时，请试着怀疑一下："丈夫是不是在嫉妒我？"

有些人可能会想："啊？我没有什么值得丈夫嫉妒的啊？"

但是，有句话叫"别人家的饭香"，丈夫可能会在许多方面嫉妒妻子，比如"不用应付公司里烦人的人际关系""可以自由安排时间""有人养活"之类。这种嫉妒的心理让他们变身为破坏型人格，想要做些什么来毁掉妻子的自由。

因此，把丈夫啰里啰唆的指责当真，着急忙慌地收拾房间、清理冰箱对解决问题没有一点儿帮助。丈夫出于嫉妒心理才说这些话，目的就在于找碴儿，因此即便解决了所有问题，他依然会从其他方面进行攻击，比如

"花钱太多了""饭能不能做得好吃点儿"。

简言之，没有必要拿"丈夫的指责"当真。因为当丈夫的嫉妒发作时，立即反击他"不要老是戳人痛处"，自己也就变身成了"破坏型人格"。这样一来，破坏两人关系的话会自然而然地从嘴里说出，连自己也无法控制。

因此，如果对丈夫的指责较真，就等于被丈夫嫉妒的电流电到，自己也变身破坏型人格，自然而然地说出伤害丈夫的话。两人都变身为破坏性人格，就会互相伤害，不断破坏本应亲密无间的关系。

/ 丈夫应学会示弱 /

当丈夫指责自己时，只要明白"啊！他在嫉妒我"，就能用平常心对待了。即使他说得再刻薄，也能以"唉，嫉妒别人的人还真是擅长戳人痛处呢"的心态一笑置之。

丈夫生气的本质并不是嫌弃妻子哪里做得不好，而是"凭什么就你一个人舒舒服服的"这种孩子气的心理。当然，"就你一个人舒舒服服的"并不是事实，但在工作压力的堆积之下，丈夫的心理逐渐失衡，看到妻子的生活就像看到"别人家的饭更香"一样，止不住自己嫉妒的心。

这时，需要注意，不能试图用强调"我非常辛苦"来平息对方的嫉妒。越是面对显得"我非常辛苦"的"弱者"，对方的嫉妒就会越强，产生"那我呢！我就不辛苦了吗"的心理，变得更加无理取闹。因此，越是避免变成"弱者"，对方的嫉妒就越难发作。

相比过去，当前的社会虽然已经有了很大变化，但"男尊女卑"的价值观依然在男性的潜意识里存在。因此，仅是"女性"这个身份就会被许多男性判定为"弱者"。再加上"赚钱养家的我是强者"的观念，越发容易对妻子生出嫉妒之情。

但是，当丈夫指责自己时，如果能用同情的眼光看着他，表达出"你在嫉妒我"的意思，妻子会变成"强者"。嫉妒从不对强者发作，因此丈夫的嫉妒会"嗖"的一声消失得无影无踪。

丈夫的大脑里积攒了太多的"不安""在公司时的愤怒"等压力，如若不然，他不会嫉妒自己的妻子。

察觉到他是在嫉妒，妻子自然会心疼丈夫——"啊，他又从公司带着压力回家来了"。这份心疼转换了两个人的立场，使得丈夫能够冷静下来，向妻子倾诉自己的压力。

因此，家庭内部的恃强凌弱、精神霸凌本质上都是嫉妒的发作。只需要用"你的嫉妒心在发作"的眼神看着丈夫，他的情绪自然能够平复，甚至说出自己内心软弱的地方。这时，认真倾听他的话，反而能让夫妻关系变得更融洽。

像这样心平气和地处理丈夫的指责，可以说，在维护家庭关系中非常重要。

为何失败会反复
——自我挫败型人格障碍

即使存在成功的可能性，"自我挫败型人格障碍"的人也会坚持失败或悲观，或是选择让别人冷落自己。有人想要热心帮助时，他们也会坚决拒绝。

如果某件事进展顺利，他们必定会做些什么把事情往坏的方向引导。如果身边有人，他们会不自觉地激怒对方，或明明说了讨人嫌的话却为了"被拒绝""被讨厌了"而黯然神伤。

即便发生了让人高兴的事，他们也会拒绝接受，始终保持自己不快乐的状态。

即便自己有足够的能力，他们也无法将这份能力为自己所用。对那些对自己好的人、站在自己一边的人均没有兴趣，反而一直关注伤害自己的人。

目前，这种"自我挫败型人格障碍"已经从精神科疾病中排除，但实际上，无法正确对待不幸，总是刻意选择不幸的人还有很多。

举一个比较常见的例子：周围的人都劝"和那个人交往不会幸福的"，但主人公却会固执地拒绝别人的好意，选择一段不被看好的恋情，最后真的陷入了不幸。

从周围人看来"明明还有很多人对你更好"，但当事人偏偏要选那个让自己不幸的人。明知会遭遇不幸，为什么就是无法做出正确选择？这个问题很值得探讨。

似乎是有一种"被人关心就会发作"的基因在起作用，所以他们才无法正确对待不幸。当被人温柔以待时，他们的大脑会像电流过载一样，引起人格发生变化，如同本章中前面曾提及的那样，变身成"破坏型人格"。

变成破坏型人格后，他们会"坚决地选择不幸"，且自己都无法控制自己。当周围人看到这种自我挫败型人格障碍者，往往忍不住会替他们担心，这反而将他们"被人关心就会发作的基因"激活，让他们更加无法正确地对待不幸，陷入恶性循环。

周围的人往往不理解，认为"我们都是为你好才劝你的，你为什么会这样"，这也会使得他们发作得更加厉害，在不幸的路上越走越远。因此，当关心他们的人试图接近时，他们立刻会变身成破坏型人格，拒人于千里之外。

然后，他们会不断做出让人担心的事情，甚至让人感觉是在自暴自弃。这种情形下，别人的关心反而成了他们人格障碍发作的导火索。

也正因如此，自我挫败型人格障碍者只要认识到"只要被人关心，我的人格障碍就会发作"，就能慢慢学会正确对待不幸。

比如母亲在身边满脸忧虑地问："你这么做不要紧吗？"若是自己能够警觉"母亲的担心已经让我人格障碍发作了"，清楚意识到这一点后就能避免选择不幸的道路。

另外，有不少人有这样的"怪癖"，工作刚刚走上正轨就辞职。如果有人关心他们，夸奖他们"真努力啊"或是"这么拼命身体撑得住吗"，就会使得他们的人格障碍发作，明白后也就能避免做出错误方向的选择了。

有的人刚刚和别人相处得好一些就会经常说惹怒别人的话，当他们意识到"这是因为被别人关心我就会发作"后，往往这类话语就不可思议地变少了。

简言之，他们并不是主动选择不幸，而是因为"被周围环境影响，导致人格障碍发作"，所以才无法正确面对不幸。

　　只要认识到这一点，他们就能慢慢变得幸福起来。

Part 04

第四章

华丽地忽略掉
生活中棘手的人

若是将这些话信以为真，便会落得"被先生的出言不逊深深伤害"，身心破碎，渐渐地身体也变得不愿动弹的地步。

/ 讨厌被无礼对待 /

某人在我忙得不可开交时和我说"有事想和你说"，当我以为"大概有什么重要的事情吧"，特意空出了时间细细倾听后却发现，"什么？说的就是这么无聊的事情"，让我感到无比失望。

我以为会是关于如何提高工作效率，如何改进职场环境使工作更为方便，如何改善来增加客流量……之类的话题，没想到却是毫无内容的闲话，"根本就是白白浪费时间"。我心中涌起了不可名状的怒火。后来，此人又向我提起"有事想和你说"，我依然抽了时间听其诉说，但仍然是工作上的吐槽而已，没有丝毫对工作有帮助的话题。如此反复几次后，我明白了："为这个人搭上时间根本毫无意义"，于是，不再为其浪费时间。但是，当我多次拒绝此人后，他就会感到"你故意不理我吧"，明显地流露出厌恶我的态度。对此，我除了感到诧异外，还对"因为没认真对待反倒被嫌弃了"这一结果久久不能释怀。

/ 让自己的大脑变得如孩童般天真 /

像这种时常会感到"我被轻视了吧"的人，一般都容易给人留下"说话内容空洞"或是"花再多时间讨论也不知对方想要表达什么"的印象。因此，多次反复后，与之交谈者便会觉得"没必要再与此人多说了"而采取了草草了事的态度。

会话内容空洞是由于对方"无法用语言正确表达出心中所想"产生的现象。比如，孩子跟着父母去购物，想要向父母表达"给我买零食"时，"那个，嗯……"支支吾吾无法果断地说出口。这是由于孩子想到了"被父母拒绝的话该怎么办"，陷入了无法直接表达的境地。

同样，在谈话中显得空洞无物的人的头脑中浮现出"如果被对方拒绝的话……"之类的顾虑后，说话的方式也变得不禁让对方产生一种"能不能把话说明白了"的想法。

因此，倾听者越是带着"听这人说话根本就是浪费时间"的情绪而显得不耐烦，诉说者就越是担心"被拒绝"，导致无法自然地传达其想法，在脑海中犹如形成了带压电流。

于是，当无法用语言表达来减少压力时，就会使得脑部的压力越积越多。脑内的电流"呲呲呲"作响造成浪涌电流，记忆区就像触电一般，孩提时的记忆一拥而上，精神状态变得像孩子一样。就会陷入幼儿的思考模式，"绝对不和那个人说话"显露出孩子般的态度。因此，与其说是因被草率对待而产生不满，不如说是因压力让脑内带电而陷入孩童精神状态。

对于引起这种发作的人当抱着"做了不应该的事，

128

必须要采取点补救"这样的想法，于是便更加"呲呲
呲"作响更加引得对方不满，渐渐变得"像孩子一样"
令人头疼的状态。如果为此而生气，就犹如置于孩子间
的争吵一般。

所以，当周围有说话毫无内容的人时，可以告诉
对方"想说什么就明确地表达出来"以引导出对方的
心声，以免堆积引起发作的压力。对这种"说话无重
点"，态度幼稚，因心中不安而无法正确表达真实思想
的人要给予充分理解，并深入听取其真实想法。

每次谈话时，如此反复后，与原来感到令人厌烦
的人的交流变得有效了，工作中的团队合作效率也提
升了。

/ 就当对方是个孩子，不用加以理会 /

还有一种方法，那就是像以前一样，将工作环境打

造成"职场上只有成年人"这一氛围。

职场上只有成年人，就需要端正自己的态度，"将自己的想法清晰地传达给对方，不要有压力"。因为脑内留有压力发作后会幼稚得像个孩子，如果不能够阻止这种发作，那就以"发作了就是个孩子"这一态度，不予理会。因脑内压力引起发作时，越是参与其中，那么病态越是严重。因此，了解"发作了就是个孩子"这一特征，不予理会，对方的脑部发作便自然而然消退了。而带着"也许草率对待是我不对"这一想法去道歉，或是给予后续帮助反而会引起连续发作，最终导致了"这人真麻烦"的结局。"发作了就是个孩子，不要理会"也许就是最简单的解决方法。

认真对待发作之人
会疲惫不堪

●
‿

　　以前，公司经常会有"大家一起去喝一通吧"这样的职场交际。但是，在这样的酒宴上，经常会出现酒过三巡，"忽然那人愤怒不已，滔滔不绝"或是"突然号啕大哭"或者"总是反复说同样的话！这些梗听了都不止20遍了"等类似令人厌烦的现象。

/　"发作"和醉酒时的状态相同　/

　　这些完全是因"酒精"扰乱了脑中电流，"呲呲呲"电流的乱窜引起发作，刺激到脑中"发怒部位"，于是忽然发起火来。

同理，电流刺激到脑中"哭泣的部分"便会"哇"的一声哭泣不止，刺激到"记忆部分"则是"记忆错综，将说过无数遍的话题再次提起"等等。当碰到这样的事时，一般都会想到"这人喝醉了"，于是"是啊，嗯"应承着就直接忽视了。

问题在于，有一些人即便不喝酒，在压力聚集后也会像醉酒一样发作。喝酒的时候，面对这些情况我想任何人都会轻易无视，而在非酒宴的场合，都会认真对待。

一旦认真去对待，发作便愈演愈烈，最后，便将此情况当作发作的人的特征来看待。当别人脑内的电流"呲呲呲"引起发作时，"要想办法阻止"，结果越接触事情变得越糟糕，厌烦的感觉也逐渐剧增。

因事事对应而产生了"与麻烦的人交往，结果越来越麻烦"这样的印象。

/ 无视也会使身体状况转好 /

有一位女性做完饭，先生却抱怨她说："这味噌汤怎么这么淡？"女性认真地回应："考虑到你的血压问题，特意做得清淡。"于是，被先生训斥了一顿："味道这么淡，根本没法喝！你的味觉有问题了吧！"

女性虽然心中感到"真麻烦"，但仍然诉说"明明是尝了味道的，怎么可能这么淡"之意。但是却被先生指责"你的菜肴里缺少亲情"等，过分的言辞扑面而来。

被斥责的女性自然觉得"每次都是花了不少时间认认真真做的，怎么就得不到理解"，便不觉怒上心头。

先生丢下一句："不但两人口味不合，性格也根本就合不来！"气冲冲地离开饭桌。

因压力使脑部引起发作，若是一一对应，便会使发作更加严重，使对方的态度变得像孩子一样。若是将这些话信以为真，便会落得"被先生的出言不逊深深伤害"，身心破碎，渐渐地身体也变得不愿动弹的地步。出现"身体懒懒的""疲劳总也消除不了"等初期症状。

此时，当觉得对方"好麻烦啊"的瞬间，将这意识转换为"这是发作了"，发作时"等同于酒醉"。因此只要敷衍地抚绥"好，好"就结束了。无需认真对应，让其瞬间即逝，这样既不会受到伤害，身心也不至于破败不堪。同时，对方的发作也会有所收敛。

若发生了类似上面的情况，当先生对菜肴颇有微词时，太太立即明白"啊，发作了"，然后直接无视回应"啊，很难吃吧"，反而会受到称赞。让对于认真解释都不会称赞的人学会了称赞。

这位女性原先诉说身体懒散，但当学会无视丈夫的发作后，早起不再困难，完全恢复了原有的精神。

　　一直以为是自己的原因使得身体不适，此时才终于明白"原来先生的发作对自己造成了多大的伤害"。

棘手的人们①
频繁邀请喝酒的上司

•
⌣

　　"上司邀请喝酒实在是麻烦！"若是有这样的想法，说明上司极可能就是那个发作的人。人与人之间，既有容易发作的人，也有不容易发作的人。而且，引起发作的契机也是因人而异。被认为是"麻烦的人"大部分是发作的人，且很容易因一些小事就发作，态度令人厌烦。对于这样的人，越是认真对待，就会越演越烈，大幅提升了令人厌恶反感的程度。

/ 自认为是为加强沟通上司 /

对于这种"上司邀酒宴过于频繁"的情况，上司很容易因"被下属拒绝"而发作。即便引发"发作"的人不同，上司也都会联想到"我被这人讨厌了吧"而发作，或是认为"对方轻视我"而感到担心或生气，使脑内电流"呲呲呲"作响。

一旦发作起来，便形成了不同于原本人格的"破坏型人格"。因脑内电流异常，引起的担心或愤怒陷入无法控制状态，于是"不能饶了让我担心或生气的那家伙"这种破坏型人格油然而生，继而做出有损双方关系的言行。

但是，这位上司却丝毫未察觉"自己变成了破坏型人格"这一事实。相反，成为破坏型人格引起发作后，更加深信不疑"自己做得完全正确"。

因此，上司会抱有"为了在职场更好地进行团队合作而喝酒聚餐"或是"为了促进下属之间的交流而邀约"这样"为了对方好"或是"为了公司才这样做"的想法。从而让人觉得厌烦。

当上司发出"工作结束后一起去喝一杯吧"邀请时，很多人其实都有这样的经历：想拒绝并告知其"今天已经有了安排，下次有机会再一起去吧"。

但是这么做，会让上司觉得"这家伙把私事看得比工作还重要"，脸上会浮现出不高兴的表情。从这些表情可以猜测若被上司读解为"这家伙对工作不上心"，下属自然而然就无法拒绝了。

另外一种情形，当听到上司问"今晚有什么事吗"时立即就会明白"啊，又是想一起去喝酒了呢"。想答复"最近累了，今晚想早点回去"时，却被上司那哀伤的表情困扰而无法拒绝。

或者是，上司说"今天正好有事要和你说，一起来吧"这样的情况。想着答复"今天就不去了"来表达拒绝之意，可这样一来，上司就会表现出"你轻视我"，迫不得已，即使很讨厌，也只能说"好！那就一起去吧"。

/ **满面笑容地拒绝** /

当感到"上司邀请喝酒实在是麻烦"时即是对方开始"发作"的时。

因此，如果认真对待，反而会引起连续发作。

更糟糕的是会引发"破坏型人格"。所以越是将上司的发作当真，和上司的关系越会遭受破坏，甚至引发健康问题。

上司深信"和我一起喝酒可以使工作更加顺利"或者"社交性越强，工作上的交流就越顺畅"。但背后隐藏的"破坏型人格"却会随着他人的认真回复而暴露无疑。

也就是说，即使很多人知道"不必认真对应"，但是一旦听到来自上司的邀请，就会像"被蛇盯上的青蛙"那样石化，不知如何处理才好。

这其实是上司脑中的"发作"电流横行引起的状态而已。明显感到这种状态，越想着"必须要认真说明后再拒绝"就越紧张，便更加激发了上司的发作。因此，满面笑容地对上司说"今天放我走吧"，你会发现"啊？这么容易就溜号了"。只要理解了"发作"这一现象，应对就会变得轻松。如果想着"不要驳了上司的面子"，而以为"必须要仔细说明理由"，这样认真对应的结果却会引得上司连续发作，越发不可收拾。

棘手的人们②
喜欢八卦的同事

:

有一位女性在工作中被职场的前辈打听"那个，有男朋友吗"这样非常私人的问题。当答复"现在没有"后，又被问："什么时候分的？"被职场前辈问这样的问题，这位女性不免心中觉得"这应该算职场骚扰了吧"，但是又不想"以后在工作上尴尬"，于是，无法避免给予答复。

但是，当给予答复后，却继而又被问"为什么和前男友分了"，强行揭开了心灵的旧伤。当她脸上露出不快的神情时，却依然被唐突地追问："难道有什么难言

之隐？""真是麻烦！"想到这里，她差点儿要为此辞
掉工作。

/ 以牙还牙，击退刨根问底前辈 /

像这种"虽只是职场的同事却喜好打听对方私
事"，可以说是担心或嫉妒发作了。"哎？我可没有什
么可以令人嫉妒的！"这位女性这样说道。

但是，这位前辈却嫉妒这位女性的青春，甚至觉
得"你夺走了大家对我的关注"。从而变成"破环性人
格"。从嫉妒发作引发打探私人情况，促使你因心灵受
伤而"想辞去工作"。

当然，发作的前辈并没有"要毁了这人"的意识，
而是认为这是"为了让这人能融入职场"而提出的问
题，深信"展现出私人情况，才能融入职场更好地工
作"这一观点。但因隐藏在内的"嫉妒"变成"破坏性

人格"而提出的问题，却让女性无法逃避，感到不满。

对于这样打听私事的公司前辈，可以使用反诘的方法来回避。

当被打听"是否有男朋友"时，可以回答"现在没有，前辈呢"来向对方提出反问。若是对方已结婚，还可以用"除了和老公，还和其他人谈过吗"这样的问题来反问。通过向对方提出反问，给前辈一个反馈，让其意识到"这就是你做的事"并保持微笑。

当被问到为何和男友分手时，同样可以说："我们是因为异地才分的，前辈又是因为什么原因分的呢？"即便是对此事毫无兴趣，也可以通过反诘来防止对方嫉妒的发作。

当看到自己嫉妒的丑态时，前辈便会意识到"啊，不能这样"，于是收敛发作，恢复到原有的常态，就像什么事都没发生过一样，继续工作了。

/　想提建议的同事　/

有一位男性X提出"被同事B问及私人问题，感到非常不愉快"。当被B问起"休息天都做些什么"时，X认真回答"挺累的，就什么都不做"后，又被B反问："哎？连门都不出吗？"于是X回答"出门要花钱，也没人一起去"，这时X不禁感到一丝悲惨。

这下这位B又问道"你存钱吗"这种毫不相干的问题。X直接回答"完全没有"后，自己都焦虑起来，"我不存钱很糟糕吧"，心情变得沉重。同事带着意味深长的表情说道："没事，你还年轻着呢！"于是，本人对这事非常在意，"根本无法集中精力工作"。

当我向X分析，同事之所以会这样关切X的事宜，可能是因为他的"嫉妒发作"。"哎？B工作能力杰出，长相也十分出色，很多人都非常羡慕呢。"X如是说。

其实，那位同事B之所以会嫉妒X，是因为他从未像X那样受到来自周围同事"真惨"的"怜悯"。"我可不想要这种怜悯！"X说道。而"怜悯"源于来自别人的亲切，那位B则理解成"大家都对X真好"而引发嫉妒。因嫉妒使得这位B成了破坏型人格，使得X"心情变得越来越悲催"。

但是，在同事B脑海中却浮现着"连私人生活上都应该给予建议和帮助"，于是，更加刨根问底。X由于太认真地应对这种"发作"，事情也就陷入了越发不可收拾的境地，B也就更加肆意地一直提问。因此，当讲出"不太想回答私人话题"这样认真的回复时，反而会因担心被孤立而变得不安心。

但如果带着不乐意的表情说"问这个干什么"，向同事表露出敌意，则不利于今后的职场相处。

而如果这位男性回答"干吗？对我这么感兴趣呀"，同事就会回复："啊！"

平息对方发作并且使其意识到"对不起，问太多了"，于是，今后也就不再打听私事了。"别一本正经"是轻松应对的关键。

棘手的人们③
施加高压的客户

•

有一位女性接到了制作店铺网页的委托，经过周详的商洽，确定了预算后决定开展此项工作。

在工作进行中途，忽然被提出"要在网页中增加搜索功能"这样额外的要求。当向客户传达出"若按原有的预算则无法增加此项工作"时，客户说出了"算了！那找别人做好了"这样令人无法接受的回复。

而且，对于目前已经制作的网页和已进行的工作耗时，客户也无付款的意向，并以"当初以为你有这个技术能力才委托的"为由转嫁责任，并要求"在现有预算内完成这项工作"。

迫于无奈，为了达到客户的要求便连续彻夜工作，但客户却又以"为何不按期交货"为由而怒气冲冲。当向客户解释"由于增加的项目太多，所以花了不少时间"后，对方却又一次不负责任地说："既然知道这样，没好好计算工期，这是你的问题！"

"真是受够了！"这位女性差点儿就想要放弃这次好不容易才完成的工作。

/　认为未被重视的客户　/

首先，当感觉到"被提出了无理要求，非常麻烦"时，即为这人已发作的信号。如果没有意识到"发作"而认真对待对方的要求，则会不断地增加难题，发作犹如火上浇油，愈演愈烈。

像这样发作起来就给别人出难题的人，一般都是由于觉得"自己没有被特别对待"而引起的。具有强烈自尊心的人不会要求"特别对待",但是自尊心意识低下的人一旦觉得只受到了"普通对待"则会以为"受到了愚弄"而引起发作。

所以,当认真回复对方所说的话,例如使用"如果是一般的客户"或是"其他客户"等词汇来说明时,则会让其感到"这不是特别对待"而引起发作并不断增加无理的要求。

对方一旦"发作"变成破坏型人格后,则会在"时间"和"金钱"方面发难。

但是发作的本人还以为是"用合适的价格做好了工作",因为发作的电波歪曲了脑内的金钱观念和时间观念。

当了解了这种发作机理后,这位女性对客户提出的要求给予"增加的项目按特别价格来处理"这样的回应,并在提交的报价单上将"特别优惠"的字样用红色标注。

于是，客户收敛了发作，回答"这样呀！好的，那就这样办吧"并支付了增加的金额。

当再次提出难办的要求时，则给予"明白了！那就不按普通的价格来算，给您特价"这样的回复，于是客户就说"啊，那这次就算了吧"，不再发作，而是撤回了要求！这位女性非常惊讶，"发作起来真的是让人变得非常麻烦呢"。

/　认为自己吃亏的客户　/

另外一家公司的职员A，接到了一个非常麻烦的订单。

通过协商，基本商榷了大家都可接受的价格，觉得自己已经稳操胜券的时候，不料对方却与A之外的其他业者继续交涉，最后向A提出了"再次降价"的无理要求。即便客户也明白其他业者对他们来说并不是最佳选择，但仍然恶意地提出要求，致使A觉得这个订单陷入了令人感到"麻烦"的境地。

此时，若A向顾客说明"我们有着其他业者无法赶超的优势"，对方则会提出"是否可以再削减一部分成本"或是"是否可以提供额外服务"等要求，这些无理要求完全不符合供应商实际情况。于是A对该客户产生了抵触情绪："再这样的话，我就不接待这客户了！"我向A这样解释："你这种情况就是遇到了喜欢施加高压的客户了。"

这个客户是由于感到"自己吃亏了"而引起了发作。如果继续耐心地向其说明成本问题，其越发会觉得自己"吃了大亏了"而越发"发作"，歪曲常识性知识，使成本计算和提高质量之间产生矛盾。

碰到这种情况，在与客户协商时，公司的职员需要连续使用"这很划算哟"这样的词汇。于是，原本意见僵持的客户，表情也会变得柔和，一边乐呵呵地问"真的吗"，一边停止了发作。

只要理解了引起"发作"这一现象的原理，应对就会变得简单。

棘手的人们④
纠缠不休的骚扰言论

•
◡

有一位女性被职场的前辈很认真地指责道："你露出腿会显得你下半身很胖哦。"

这位女性本身就有着下身无法纤瘦的苦恼，而这位前辈却偏偏戳到痛点并毫无顾忌地进行攻击，完全显露出"取笑别人"的得意神情。他通过伤害别人，贬低他人，让自己沉浸在某种优越感中。

其他还有例如"别干了，去嫁人生子如何"或者"啊！但是，你连男朋友都还没呢"等等，令人感到"被这么羞辱，如果不是在公司，根本就忍不住要哭出来了""这个前辈，烦死人了"但只能"哈哈哈……"地苦笑着掩饰过去。而看到这样笑着的表情，这位前辈也以为只是"开个玩笑而已"，完全没有任何反省，继续开始了工作。

若是直言"被这种侮辱性的言辞深受伤害"时，周围的人却会说"你怎么不理解她只是为了找个话题才这么说，反而把她当恶人呢"来指责当事人错怪了前辈，让当事人哑口无言，越来越讨厌去上班。

/ 最简单的嫉妒发作 /

骚扰言论大多由"发作"引起的，多数情况下，并因"弱者"的立场成为导火线。

众所周知，现代社会日益变化，但仍然遗留着男尊女卑观念带来的影响。

因此，很多女性由于性别差异而处于"弱者"立场，成为了对方发作的导火线，"呲呲呲"变成破坏型人格，毫无忌惮地说出不该出口的言辞。

破坏型人格的人令人厌恶，因为他们会做出给予对方实质性伤害的言行。

而此时，在前辈的脑中显现的却是"打是亲，骂是爱"或是"我只是表达我的关注"等自以为为了对方好这样的观念。

而且，更糟糕的是，"发作"中脑部信号发生浪涌①，记忆部位被刺激后出现"完全不记得说了什么"或者"完全不是这么说的"等篡改记忆的现象。

比如对她说"前辈，你说了别干了，去生孩子"这种话，而前辈会说"根本没说过这样的话！我只是说了有孩子会很幸福，你自己往坏处想了而已"，记忆被篡改了！因"发作"篡改了记忆，并换成了有利于前辈的

① 这里指的是瞬间出现超出情绪稳定值的峰值。

内容，精神上备受打击。

这种由"对方是弱者"的导火线引起的发作是最原始的动物性发作。因此，应对这种情况也要用动物性的简单方法。

既然被认为是"弱者"，前辈更期待着"胆怯""愤慨"的回应。而你反向对她做出"强者"的姿态，"无视"则是制止发作最有效的方法。

做出"哈哈哈"或是"你可别这么说呀（笑）"等反应，虽然看似"弱者"，但只要"无视"她，"咦？其实不好惹"，这样就能阻止对方继续进行骚扰的言行。

这位女性还像平常一样，但前辈一旦有了骚扰的话语后便直接"无视"，并毫无回应地直接离去。于是，不知从何时起，前辈也开始注意自己了。阻止发作，无视骚扰比想象的简单。

/ 内心缺乏自信的男人 /

"这绝对是性骚扰!"另一位女性对于客户经常以体型为话题而苦恼不已。当她采取了不予回应的态度后,却被追问"为什么闹情绪"反而引得客户不愉快。

因此影响了工作进度,但是,一旦她笑脸相迎,对方便又开始了性骚扰,久而久之,早上开始心情忧郁,渐渐起不了床了。

这种类型"麻烦的人"是由"性"作为导火线引起发作。从表面上看可能会以为"对方是因看到对方联想到性而发作",其实是从"对性别认知不安"意识到"性"时才发作,而"向异性做出有关性的言行给予伤害"。"哎?那个骚扰男,看上去怎么会没有男人的自信呢?"女性这样回答道。

但是"也许,实际上是相当没有自信呢",当客户有性骚扰的言行时，一旦了解了"这个男人相当不自信呢"，便可以顺着话题，轻松地无视了。

多反复几次后，不知从何时开始，客户便不再靠近了。

这位女性明白了越是显露出讨厌客户的情绪，对方就越以为"自己像个男人"，从而性骚扰的言行也愈演愈烈。

引起发作的原因多种多样，不得不说确实是很麻烦。

棘手的人们⑤
执拗地要求交往的同事

）

有一位女性在公司酒宴上被同事问道："和我交往吧？"由于是同事，所以一开始她以为是"开玩笑的"，于是一笑了之。后来再次被邀请一起就餐时，她才感到大事不妙。

对于这位同事，这位女性完全没有兴趣，也曾有过"直接拒绝了吧"这样的想法，但是一想到"毕竟在一起工作，直接拒绝恐怕今后不好相处"，于是回答"现在比较忙"。但接着又被问到"那什么时候有空呢"这样麻烦的问题。"这明明就是拒绝，怎么还不领悟呢！"

女士虽然这样想着，但完全没有明确地表示出来。

被邀请了几次后，女士觉得总是拒绝对方也不太好，于是提议"和大家一起去吧"，没想到不知何时起变成了单独两个人进餐的尴尬局面。

和朋友谈及此事时，朋友给予了"这难道不是因为你的拒绝方式不够干脆造成的吗"这样连她自己都心知肚明的回答。但是，一想到一旦拒绝将来反而更加麻烦才难以拒绝，也没有人能够理解，自己一个人非常苦恼。

而且，在职场中竟然还传出了"那两人是情投意合的吧"这样的传闻，"根本不是这样的"，本人越发陷入了麻烦的境地。

/ 为何他没主动放弃呢 /

这种类型的"麻烦的人"是由"拒绝"作为导火线

引起发作变为破坏型人格。"哎？只是因为想交往，怎么会变成破坏性人格呢？"应该会有一些人这样想。这种发作引起的破坏型人格属于"对方越是讨厌的事越是去做"这一类，于是就成了"纠缠邀约"。像跟踪狂这种就想让对方感到讨厌困惑的意识也是破坏型人格。

当然，这位同事本人深信"我是因为喜欢这个人，这样做也是理所应当的"。

但是发作后所做的事情却是让对方厌恶，越觉得对方会"拒绝"就"发作"得越厉害，无法停止让对方感到讨厌。

为了让对方死心而给予"我有喜欢的人"或是"我不想和公司的人谈恋爱"这样的回答，只会让对方发作更加严重。之所以这么说，是因为这里面已经包含着"拒绝"。

这位女性了解到这点后，便思索着"怎样才是让对方感觉不到拒绝地拒绝对方。可根据这位女性以往的经验，只要稍微流露出拒绝之意便会引起发作，非常麻烦。

/ "不拒绝" 的婉拒方式 /

不含拒绝之意的方法便是"啊！原来是钱"，这位女性终于醒悟了。当男同事又凑近身来说"哎，和我交往吧"时，她马上就回复"钱不会辜负你"，于是男同事马上露出"哎"，完全不理解的表情。

"说什么呢？我说的是请你和我交往"，但是女士仍然回复他："都说了，钱不会辜负你！""不知道你在说什么！"男同事立即离开了。

被邀请一起吃饭时，也是同样回答："钱不会辜负你！""什么意思啊？"于是对方就摇着头走了。然后不知从何时起男同事不再找这位女性，当看到男同事又去找别的女性搭讪时，女士心中不禁地叫喊出"背叛者"。

防止发作也是件挺令人兴奋的事。

"总想不能对无能之人放任不管" 时的应对策略

人际关系会影响到整个人生。

完全不相似的人，例如"不怎么受关注的人和非常受欢迎的人交好后也会慢慢变得受人欢迎"这样的现象在学生时代就见过不少，因此，人际关系是非常重要的。

同样，要想学习好，和成绩好的同学做朋友，自己的成绩也会有所提高。当然，在工作上也是如此，和工作能力强的人在一起就会感到"提高了工作效率，工作起来也轻松了不少"。

不过，即使知道这些道理，有些人仍然无法摒弃"猪队友"。我想有一些人对此会感到生气，并说出"将对方比作是猪队友是不尊重对方"这样的话。

但是，如果对方真的不是这么糟糕，那就大可不必生气。因此，在对此生气的人心中会有一种"必须要保护这种没能力的人"这样俯视对方的非"对等"意识。所以，如果和非对等立场的人交往，则必然会出现"被对方拖了后腿"，导致了无法脱离不幸的结局。

那么，所谓的不幸究竟是什么呢?

那就是无法活出自我。无法摆脱不幸的人总是有一种"不太对劲啊……"的遗憾感。

我们都知道，总有一些事是无论自己如何努力都无法办到的。这就因为在"人际关系"上有问题。

如果被问到断绝了现在的人际关系，情况会有好转吗? 答案是"No"。

即使断绝了现在的人际关系，仍然无法摒弃能力不足的人，只是重复着和现在一样的事而已。这种现象只是因为纯粹的"贬低了自己才选择了能力不足的人"而引起的。

因为看低了自己，然后就按照习惯选择了"更加不如自己的人"。选择了能力低下的人引起了"自己更加看低自己"这样的现象。

因此，如果将这个理解成"习惯"，那么就能摒弃"能力不足的人"了。要注意的是，当得知"对方能力不足"时，有些人脑海里容易浮现出"把对方认为是能力不足是不是有些惨"或者是"这么想对方是不是不太好"这样的想法。这样的人会被拖住后退，无法摆脱不幸。

这种类型的人需要和"想成为这样的人"交往，这样就能摆脱不幸。

即使对待自己的亲人，也需要用同样的方法。只要一联想到"可怜、好惨",就需要拉开距离,和自己憧憬的人交往。

说到亲属,意义则更加深远。当自己远离了不幸,受到自己所敬重的人的影响,越是接近自己所向往的那种人,那么亲人也会有所改变。亲属们也是互相影响的,当自己改变了,那么实际上,即使不去提醒对方,也会因潜移默化的影响使得亲属们也渐渐向理想中的目标靠近。

因此,完全不需要有"我必须要为他们做些什么"这样的想法,只要远离了不幸,渐渐变得幸福,也能影响到周围的人,使他们远离不幸变得更加幸福。

Part 05

✦

第五章

●
◡

现在这样就很好

　　不如试着自问自答一下，"能够无视的人和自己，到底谁才是令人讨厌的人呢"，就会觉察到原来不能无视的自己才是令人"讨厌的人"。

不要总想着用自己力量
去解决问题

如果对各种事情都有所感触，引起反应，就会变得越来越敏感，甚至遇到一点儿小事都会受伤害。

并且，随着受到的伤害越来越多，就会变得无法跨越这个障碍，最后变得愈发敏感，陷入稍有点儿风吹草动就会产生很大反应的恶性循环之中。

此时，如果我们能够无视它，对迄今为止一直都会产生反应的事物变得没有感觉的话，渐渐地，我们会发现一件很有趣的事："咦？自己变得和周围人一样钝感啦！"

对以前很在意的事情变得不再在意了，能够在"不知不觉中就无视它们"。

孩童时代，一到了夏天就会长湿疹，而且越是觉得"好痒啊"，湿疹就会变得越严重，然后，稍微有一点点发痒就会受不了。结果，越是在意那种痒的感觉，患处就会扩散得越大。

但是，一到暑假，和朋友们一起出去快乐地玩耍的时候，不知不觉中，就把注意力转移到了游玩的快乐上，就"战胜了痒这一障碍"，那块本来已经扩散得很大的红皮肤，在不知不觉中就恢复了原状，自然而然地就恢复到了不痒的状态。我觉得我们所说的无视和那时候的情形很相似。

/ 无视自己的失败 /

但是，如果总是提醒自己"我不能无视它，我变得越来越敏感了，这种讨厌的负面情绪在不断扩散"时，那就是对无视这件事感到疲倦时。

哪怕别人随便说了一句什么话，也会不由得去想："我该怎么办才好啊？"

虽然脑子里在拼命地想"总是惦记着这种事就麻烦了"，想要努力去无视它，但是，突然之间会冒出这样的念头："哎呀？也许我没办法处理好它。"如果产生了这种念头，就会认为"就算我现在做这样的事情也不会有什么意义的"。

虽然拼命地想要无视，但是哪怕遇到一点小事都会产生心理反应，脑子里就充满了这样的念头"我明明都这么努力了，为什么还会这样啊"，就会感觉自己又陷入原来的那种状态之中。

这种现象就是"无法无视自己的失败"。因为会一直想着，"我明明都这么努力了，为什么还是不能无视它"，这种无法无视的失败感就会随之扩大，最后觉得

"自己又回到了最初的状态"。

如果自己对无视这件事已经感到疲倦的话，也就是到了开启"自动驾驶"模式，顺其自然的时候。

在刚刚开始学骑自行车的时候，虽然脑子里会有意识地想着"笔直地朝前骑就可以了"，但是，在稍微有点儿会骑自行车之后，越是想着"笔直朝前骑"，越是会发生朝着危险的方向拐过去的事。

在学习了骑自行车的技巧后，如果在某一个时期能够放弃一直想着"就按照学习过的那个技巧骑吧"这一念头的话，就能够享受到那种"啊！它自己就笔直地朝前跑啦"的快乐。

本书所讲述的无视技能也是如此，如果有意识地努力"想要无视讨厌的事情"，就可以像学习骑自行车的技巧一样掌握它。

并且，在掌握了一定的技巧之后，就"不再有意识地去想要无视它"，而是把它交给我们所掌握的技巧，这样就能进入即使不刻意也可以顺理成章地无视的状态。

越是惊喜于"我能很轻松地无视啦"，越是能够让自己内心深处的无视技能自然而然地成长起来，帮助自己轻松地无视曾经的那些障碍。这样，即便什么都不想，就算不做任何努力，扎根于自己内心深处的技巧也能目标明确地握住手把，带领你向着最幸福的方向飞驰过去。

/ 人人都有无视技能 /

实际上，每个人都拥有无视技能。在你为了买书而朝着书店前进的路上，你已经无视了很多东西。如果你对所有看到的事物都产生某种反应，都很在意的话，你是根本不可能达到目的地的。

比如"很在意那个招牌""很在意一直站在那里的

那个人"等，如此对所看到的一切都产生反应的话，会对大脑造成相当大的负担。在走过来的时候，假设某个人突然问你："你注意到那个招牌了吗？"如果你回答："我根本没有看到它！"此时，你就会发现："啊！原来我的无视技能在很好地发挥着作用呢。"

就这样，在不知不觉中，你就掌握了无视的技能，并且在实际生活中帮助我们避免了很多不必要的麻烦。因为无视技能只是"无视"，所以实际上"虽然它帮助我们避免了很多麻烦，但是我们却没有好好感谢过它"。

就像总是被批评的孩子一样，时常因为有些事做得不好而被指责，但是做得好的事情却没有得到任何的表扬，所以长处没能得到很好的发展。明明无视技能已经拥有了能够帮助我们的能力，我们却没有好好地使用它，没有使其发挥出应有的作用来。

因此，当自己对无视感到疲倦的时候，不妨试着将其交给自身所拥有的无视技能。但要记得，当我们能够无视以前无法无视的事物时，一定要记得不要吝啬地给予表扬："干得漂亮！我能够顺利地无视啦！"于是，在不知不觉中，掌握的技能渐渐地对自己起作用，开始成为自己的帮手，变成了"即使什么都不做，即使不用任何努力也可以无视了"。

通过这样的过程，自己有意识地去无视的念头消失了，无视的技能则渐渐地成为主导，发挥出它的作用来。

他人力量超出你想象

·
‿

　　有个同行曾对我说过："你能写一篇介绍心理咨询魅力的文章吗？"我当时愣了一下，一时也没有多想，就说了声"好的"，然后接受了。

　　过了几天，当我把文章发过去之后，收到了这样一封邮件，"非常抱歉，但是从这篇文章中一点儿都感受不到心理咨询的魅力"，我不由得感到非常恼火。

　　"我和你的关系也没那么亲密，还是你拜托我写这篇文章的，你怎么能这样回复我呢？"我便一直纠结于此，气得胃都开始疼了。

　　虽然心里想着"还是不要理这种奇怪的人了吧"，

但是又不由得想着"毕竟是自己没认真考虑就接受了这件事才导致了这种结果,自己也应该好好负责处理",于是陷入了平常经常出现的那种不能释怀,不得不自己扛的障碍模式之中。

当我意识到的时候,我的无视技能已经开始发挥作用了,脑海里冒出了"试着和手下商量一下吧"这个念头,于是,自然而然地把迄今为止所发生的事毫无保留地告诉下属。"啊!原来我是可以不必自己扛着,可以无视这件事的!"此时此刻,我不由得对自己的无视技能感到非常感动。

听了我的讲述,那位下属对我说"这件事交给我处理吧",我不由得惊讶地问道:"啊?这样可以吗?"自己所掌握的无视技能告诉自己,"没关系的!因为这是下属自己接受的",我觉得不再自己一个人扛着,说了句"那就拜托你啦",就这么轻松地把应对麻烦同行的事情交给了下属。

于是，下属和那位同行取得了联系，然后把交流的结果汇报给了我，对方是这样说的，"因为这篇文章和我的心理咨询手法不同，所以没有表现出我所期待的心理咨询魅力"，并且那位下属在说服了那位麻烦的同行之后说了句，"啊，这下子轻松了"，我也一下子心理轻松了。

我不由得感叹，自己的无视技能可以让不愉快的事情如此轻松地得到解决，实在是太了不起了！

/ 学会依靠周围的人 /

虽然总是认为什么事都应该自己考虑，自己应对，但是，无视技能教会了我"依靠别人来无视也是可以的"。虽然我必须对帮我处理这件事的下属表示感谢，但同时也让我第一次感受到了"大家竟然都会帮助我啊"这样一份信任和安心的感觉。

当学会了使用无视后，因为大多数人都能够开始这样想"周围的人都在帮助我"，并开始对周围的人产生信赖感与安心感，就会明白没必要紧张，是可以轻松地无视那些令人不愉快的事情的。

因为我以前并没有"原来大家都会帮助我的"这种意识，总是会想"不管什么事都必须自己来做"，所以无论做什么事都会觉得很紧张。

越是觉得紧张就越不容易无视，越是在意令人不愉快的事，不愉快的感觉也就会像滚雪球一样越积越多，这样的过程不断反复，最后，整个人都会被不愉快的感觉所淹没。试着"就交给无视技能吧"，它会给我们展示"依靠一下别人也无妨"这样令人耳目一新的常识，其结果也会让你大吃一惊。

通过无视把事情交给别人，我们就会从不愉快的感觉中解放出来，对人的信赖感增加了，"很容易就可以无视长久以来都很在意的那些不愉快的事"，实在是一件非常有趣的事。

/　无视能带动周围人　/

曾有个人说过："不可以对家里的人发牢骚！"因为如果发牢骚的话，家里的人就会开始批评说"都是你不好"，然后，就会发现没办法无视那种不愉快的感觉。因此，不管是在工作中，还是在邻里之间，"遇到不愉快的事时不要依赖家里人，必须自己一个人面对"，于是，遇到无法忽视的不快之事时，都是一个人在处理。

但是，如果无视的话，就可以慢慢地掌握"啊！也可以避开令人讨厌的事"这样的思考和处理方式了。

有一次，某个人在早晨很忙的时候刚好车子出了故障，发动不起来。他理所当然地想到"啊！必须给修车厂打电话，让他们来修理"，但实际上，这是自身所掌握的无视技能起作用了。那么，这时候"试着跟家里人说说怎么样呢"。

之前，遇到这样事总是担心会被教训说，"是你的驾驶技术不行""平时不好好珍惜东西这下子遭报应了吧"等等之类的话，所以从来没有和家里人说过这些事。

但是，当无视技能发挥了作用，当你可以直率地说出"我的车出故障了，你能帮帮我吗"这样的话时，难道父亲不会高兴地站起来说，"好啊，我来送你上班吧"这样的话吗？而且，结束了工作回到家里，当父亲面带微笑告诉你"你的车我给你送去修理啦"的时候，你会惊讶地发现"哦！我可以无视那种要去修理厂的不愉快感了"。

如果能够想到"也许别人也是可以信赖的啊"，就会越来越能够无视不愉快的感觉，无视技能也会越来越高超。

试着使用无视技能，无视技能也会渐渐升级。

于是，无视技能会带领着我们朝着大家都会帮助我们的那个方向前进，会增加我们对人的信赖感。

对人的信赖感会消除我们平常的紧张感，"我们会变得比以前更能无视更多的事情"。在人群中感到紧张的时候，明明对很多事情都很在意，但是因为可以无视它们，那种不愉快的感觉就会逐渐消失。

很快，自己在考虑"想请别人来帮助我"之前，周围的人就已经来帮助自己了，帮助自己消除了那种不愉快感觉，避免了不愉快的经历。仿佛就是无视技能用人来帮助我们消除了不愉快，变成了别人自然地来帮助我们了一样。

并非要成为一个
令人厌恶之人

·

在掌握无视技能前，会认为避开眼前这些令人讨厌的事的人是"卑鄙的人""令人讨厌的人"。会让自己产生这样的想法：即使是对方令自己感到不愉快，也不能选择无视，而必须要真挚地去面对，互相磨合，然后在这个过程中寻求共同成长。如果选择无视的话，会给人这样的印象，这是个不肯让自己和对方都得到成长的令人讨厌的家伙。如果不肯和对方进行正面接触的话，会让人觉得这是一个只为自己考虑的自私的人。

实际上，我身边就有对任何事都漠不关心的人，当我带着羡慕的目光看着那个人时，就会想"那家伙过得可真开心啊",但会从心底里否定对方,认为他是一个"不肯认真面对不愉快事情的既卑鄙又令人讨厌的家伙"。

/　令人讨厌的究竟是哪种人　/

曾经,我深信"为了自己的成长,不要选择无视""为了对方考虑,不要选择无视"等观点才是人类的美德,并一直按照这个想法在行动。

但是,当我带着喜悦的心情想"啊!说不定我的诚意已经传达给对方了"的同时,又会担心如果受到对方的伤害该怎么办呢,又彻底地陷入了"已经不行了"这样的失落之中,于是每天都在这样一喜一忧之间反反复复。

即便如此,我还是深信如果能和对方互相理解的话会产生非常牢固的羁绊,于是,对任何事都不能无视，但也经常会发生这样的事情：某一天你发现"哎？
我的心意竟然被欺骗了"，那种残酷的背叛会让你备受
打击。

迄今为止，不管而你被如何残酷的言语、行动伤害
过，还是没有选择无视而继续面对，并且还是想着为了
自己和对方的成长应该倾尽诚意，但蓦然回首，却发现
了一个深受打击的残酷事实，原来"并没有人跟随在自
己的身后"。

而那些无论什么事都能无视的人，能够非常开心
地和看上去同样开心的同伴互相帮助，并且渐渐出人
头地。

与此相对，虽然我努力地不要无视任何人，和任何
人都真诚相对，却没有一个人跟随我，被大家当成"最
差劲的人"，那种心情就像身陷泥沼中一般。

这种时候，不如试着自问自答一下："能够无视的
人和自己，到底谁才是令人讨厌的人呢？"就会察觉到

"原来不能无视的自己才是令人讨厌的人"。

没错,正是如此。因为在我的内心里充满了真挚地
对待他人却遭到背叛之后留下的那种愤怒和憎恨。

所以我觉得,我这种不会无视,带着笑脸待人接
物的行为本身就是一个谎言,我真是一个令人讨厌的
家伙。

/ **回首曾经那个不懂无视的自己** /

让我变成"令人讨厌的人"的原因其实很简单。如
果不无视的话,会不断地把愤怒的电流传递到大脑中。
前面也曾稍微提过,人类是通过"大脑网络"来进行连
接沟通的,所以,如果身边有人紧张的话,自己也会跟
着变得紧张起来。

愤怒也是如此,明明我已经产生愤怒的电流了,却
没有无视对方的要求带着强颜欢笑去面对,结果愤怒越

积累越多，并传递给了对方，在对方的大脑里引起了
"哔哔哔"的反应。

即使被对方说了一些不愉快的话，我也没有选择无
视，而是继续真挚地对待，这时候，我的大脑里就会逐
渐地积累很多愤怒电流，并且会传递到对方的大脑之
中，导致对方也愈发地愤怒了。

因为不能无视不擅长工作的同事做事时的那副样
子，所以就参与进去，想着"我必须得帮帮他"，结果
对方就越来越不会工作了。

这是因为我不能无视，导致大脑带上了愤怒的电
流，而那个愤怒的电流在传递给对方的同时，对方也
感受到了这个电流并且更加固执地觉得"我根本不会
工作"。

我的愤怒通过大脑网络传递给了对方，让"整理大
脑记忆的部位"感受到并且发出"哔哔哔"的警告音，
结果就引发了这样的现象：教给他的事情"刷"地一下

子就从大脑里溜走了，一点儿也想不起来工作该怎么做了。

进而，如果没有无视而是继续真挚地面对这些的话，反而会让对方更强烈地感受到我的愤怒，让对方感觉自己陷入了仿佛是在被拷问一般的状态中，甚至想不由自主地大喊一声"饶了我吧"。

尽管如此，因为我还固执地认为"不无视别人的人才是诚实的人"，仍持续不断地让对方接受我的电流，很快，对方心中对我的怒气就渐渐地转变成了对我的憎恨……

为了让对方满意，自己明明都在拼命努力了，却完全没有注意到自己所做的这一切对于对方来说简直就像在接受拷问一般。结果，就这样不断持续地让对方感应电流，结果对方非但没有丝毫的感激之情，甚至转变成了憎恨。

学会使用无视技能之后，如果试着回顾一下过去的话，你会觉得这样的事挺令人怀念的。

　　我真是让那些没有被我无视的人感应了不少这样电流啊，这种愧疚的心情也在无视技能干净利索地帮我无视掉之后，让我再次展现了笑容。

　　一边嘴里说着"亲切""诚实"，一边面带笑容让对方感受我的愤怒电流，这样的我简直就是个施虐狂，真是个令人讨厌的家伙！每当回首这样的过往，能够让自己笑出来的，还是只有无视技能。

　　当硬下心肠来无视的时候，就必须自我催眠似的反复在心里想着"使用"无视技能，如此一来身为"无视的一方"的我就会变得非常疲倦。在为此感到疲倦的时候，不妨就让无视技能开始自动驾驶吧，在无视的过程中，我们就会自然而然地忽略对方以及其能力了。

结束语

我特别喜欢电影《印第安纳琼斯》(又译《夺宝奇兵》)里面的那个"失落的约柜"。那个以色列人所拥有的"神的宝箱(约柜)"有这样一个规定：只有特别的人才能够触碰。

电影里有这样一个场景：有一次，以色列人成功地从敌国那里把约柜抢夺了回来，然后欢喜地跳着舞回去了。忽然，约柜从摆放的架子上掉了下来，就在那一刹那，有人没有无视即将掉落的约柜，喊了一声"危险"，在约柜即将落地的瞬间把它接住了。

掌握了无视技能的我一边想着这个故事，一边略有点儿欣喜，如果是现在的我在场的话，我会无视即将掉落的约柜。为什么值得高兴呢？因为在掌握了无视技能之后，我已经能够"相信自己以外的力量"了。

如果是掌握了无视技能之前的我，可能会认为"就算是牺牲我的性命也要保护它"，但是掌握了无视技能之后，我可以这样想了："啊！我想看看当我无视这一切的时候，神的约柜会变成什么样子。"那是一种非常期待的心情，因为那是神的约柜，我想看看神会怎么处理这件事。

随着逐渐掌握无视技能，我可以像注视着约柜一样注视着人了，我对自己的这种变化感到非常惊讶。

如果是以前，只要看到别人有难处，我就无论如何都不能坐视不管，一定要做点儿什么来帮帮他，但是又会遭遇到这样的结果："明明我好心好意想要帮助他，为什么一定要受到这样的待遇呢。"

掌握了无视技能之后，不是带着"如果不无视的话会倒大霉的"那种恐惧，而是自然地无视对方的时候，我可以用这样的眼光来观察这件事了，"这个人到底会上演怎样的惊天大逆转呢",让我来拭目以待。并且如果能够无视从前一定会想要去帮助的人,并且从旁观察的话,你会看到原来他拥有比我更加强大的力量。

另一方面,在那样的时候,你会产生这样一种寂寞的感觉:"也许根本就没有人需要我的帮助。"心底里会涌出这样的疑问:"我的存在到底有什么意义呢?"

我一直把帮助别人,并且小心翼翼地在人与人之间保持着平衡当作自己的职责。我一直想要从帮助别人,然后被别人感谢的过程中来发现自己的存在价值。

当我无视这些人的痛苦、愤怒的时候,我仿佛被人说了"根本没有人需要那样的你",因而产生了一种寂寥和空虚的感觉。

于是,我所掌握的无视技能会告诉我,"一切都是因你而存在的",并把那些席卷我全身的情感波涛一扫而空。

迄今为止,我都一直认为"我是为了帮助别人而存在的"，拼命地为别人倾尽全力，忙忙碌碌，然而却没有得到任何回报，反而收获了一腔怨气。无视技能打破了我至今为止的常识，教会了我这样一件事，其实"大家是因我而存在的"。

使用无视技能，无视了对方的愤怒时，它让我觉得那愤怒的强烈程度以及现在已经不存在的虚无之感简直就像烟花一样美丽。

当无视了身处逆境之中并肩负着非常困难工作的人时，你会感觉到那个人从逆境之中站起来的身姿，简直就像草原上一望无际茂密生长的青草一般，有着如此之强的生命力。

当无视了总是喜欢发牢骚的人时，无视技能让我们感觉到，喜欢发牢骚的那个人渐渐发生改变的样子宛如候鸟迁徙一般聪慧。

如果我无视的话，那些人就会让我感受到他们的存在都是为了向我展现他们那美丽的生存姿态。

　　无视技能让我看到了以前因为不能无视而不能看到的美丽风景，并向我展示了大家的强大、智慧以及美丽。通过无视所看到的那份美，让我明白了"这个人肯定没问题的"，并且让我变得更加信赖别人了。

　　当看到那份美并能相信"那个人肯定没问题"的时候，无视技能也能够被磨炼得更加成熟，能够让你切实地感受到"大家都是因我而存在的"。之前那种不能无视的，总觉得"我要不做点什么的话这事就不能圆满解决"的状况，就会从"我什么都不做也会解决的"变成"大家都是因我而存在"的时候，我的人生就开始圆满起来。

　　甚至可以说，大家都成为了我人生中的一个个齿轮，帮助我的人生朝着美好的方向前进。

　　我并不知道，这一个个的齿轮到底会对我的人生产生怎样的作用。但是，我通过无视那些齿轮并且不制止它们的运转，这一个个的齿轮就会和其他的齿轮一起发生联动，一边骨碌骨碌地转动着，一边记录着我所经历过的每时每分。

虽然当仅仅注视着一个齿轮的运动时我们可能不会注意到，但是多个齿轮一起联动着记录时间的姿态，会让我们感觉到"跟上时间脚步的那份美"。即便我不拼命努力，那些被我所忽视的齿轮，也会联动起来镌刻着美丽的时刻，教会了我"此时此刻，活在当下"。

我感受到了齿轮们为我所记录的，"生活在此时，生活在这个瞬间的喜悦"。

在永不停息的时间长河之中。

2018 年 8 月